安徽省气象灾害年鉴
2009

安徽省气象局　编

气象出版社

China Meteorological Press

图书在版编目(CIP)数据

安徽省气象灾害年鉴·2009/安徽省气象局编. —北京:
气象出版社,2009.11

ISBN 978-7-5029-4863-4

Ⅰ.安… Ⅱ.安… Ⅲ.气象灾害-安徽省-2009-年鉴
Ⅳ.P429-54

中国版本图书馆 CIP 数据核字(2009)第 205084 号

Anhuisheng Qixiang Zaihai Nianjian 2009

安徽省气象灾害年鉴·2009

安徽省气象局 编

出版发行:气象出版社

地　　址:北京市海淀区中关村南大街 46 号　　　邮政编码:100081

总 编 室:010-68407112　　　　　　　　　　发 行 部:010-68409198

网　　址:http://www.cmp.cma.gov.cn　　　E-mail: qxcbs@263.net

责任编辑:杨泽彬　　　　　　　　　　　　　终　　审:周诗健

封面设计:博雅思企划　　　　　　　　　　责任技编:吴庭芳

印　　刷:北京中新伟业印刷有限公司

开　　本:787 mm×1092 mm　1/16　　　　印　　张:5.5

字　　数:141 千字

版　　次:2009 年 11 月第 1 版　　　　　　印　　次:2009 年 11 月第 1 次印刷

印　　数:1~1500　　　　　　　　　　　　定　　价:20.00 元

《安徽省气象灾害年鉴》

主　　笔：王　胜

参编人员：谢五三　唐为安　陶　寅

审　　稿：田　红　徐　敏

主　　审：吴必文

编写单位：安徽省气候中心

2008 年 12 月 14 日,安徽省人民政府与中国气象
局签署气象为农村改革发展服务合作协议

2008 年 1 月 27 日,省委书记王金山
来省气象局了解雪灾天气情况

2008 年 2 月 1 日,中国气象局局长郑国光
检查指导安徽抗雪救灾气象服务工作

2008 年 8 月 2 日,副省长赵树丛视察含山
抗洪救灾工作

2008 年 10 月 9—10 日,第二届"淮河流域
暴雨·洪水学术交流研讨会"在阜阳召开

2008年1月10日—2月6日,持续雨雪冰冻灾害导致全省高速公路封闭,交通严重受阻

2008年4月22日,淮河出现罕见春汛,王家坝开闸泄洪

2008年6月8—10日,强降水导致黄山市部分地区出现严重洪涝灾害

2008年7月28日—8月3日,台风"凤凰"引发的强降水导致全椒内涝严重

2008年6月20日,灵璧龙卷造成人员伤亡

2008年1月8日,京台高速合徐段33～37千米段大雾诱发特大交通事故

目　录

编写说明

(1)气温、降水(日降水量统计时段 20—20 时)和日照时数资料来自安徽省 78 个气象台站(黄山光明顶、九华山除外)。

(2)气温、降水、日照等历史资料来自安徽省气象档案馆整编资料。

(3)气候平均值以 1971—2000 年为基准。

(4)根据自然区域和气候特点将安徽省划为三片,淮北、江淮之间、江南。淮北片以亳州、阜阳、宿州、蒙城、蚌埠、寿县为代表;江淮片以滁州、合肥、六安、巢湖、庐江、岳西、金寨为代表;江南片以芜湖、安庆、宁国、祁门、泾县、屯溪为代表。

(5)采用气温异常指数(气温距平(ΔT)与标准差 σ 的比值)来评价气温是否异常:

$$\Delta T/\sigma \geqslant 2.0 \qquad 异常偏高$$
$$1.5 \leqslant \Delta T/\sigma < 2.0 \qquad 显著偏高$$
$$1.0 < \Delta T/\sigma < 1.5 \qquad 偏\quad高$$
$$-1.0 \leqslant \Delta T/\sigma \leqslant 1.0 \qquad 正\quad常$$
$$-1.5 < \Delta T/\sigma < -1.0 \qquad 偏\quad低$$
$$-2.0 < \Delta T/\sigma \leqslant -1.5 \qquad 显著偏低$$
$$\Delta T/\sigma \leqslant -2.0 \qquad 异常偏低$$

(6)采用降水距平百分率($\Delta R\%$)按下面标准评价降水:

$$\Delta R\% \geqslant 80\% \qquad 异常偏多$$
$$50\% \leqslant \Delta R\% < 80\% \qquad 显著偏多$$
$$25\% < \Delta R\% < 50\% \qquad 偏\quad多$$
$$-25\% \leqslant \Delta R\% \leqslant 25\% \qquad 正\quad常$$
$$-50\% < \Delta R\% < -25\% \qquad 偏\quad少$$
$$-80\% < \Delta R\% \leqslant -50\% \qquad 显著偏少$$
$$\Delta R\% \leqslant -80\% \qquad 异常偏少$$

(7)全省气象灾害损失资料来源于安徽省民政厅救灾办,雷电灾害资料来源于安徽省防雷中心。

概　述

　　2008 年,安徽省年平均气温 16.0℃,较常年偏高 0.5℃,为 1997 年以来连续第 12 年偏高。年内气温起伏大,冬冷春暖夏凉秋燥。冬季明显呈现前冬暖、后冬冷;春季气温异常偏高,出现 1961 年以来第二暖春年;夏季气温为近 9 年来最低,沿淮淮北出现罕见凉夏;秋季气温连续第 8 年偏高。全省平均年降水量 1138 毫米,较常年略偏少。年内冬、夏降水偏多,春、秋干燥少雨。淮河以南入梅和出梅均偏早、梅雨期略偏长,梅雨量江淮之间和沿江江南均偏少,其中沿江江南自 2000 年以来连续第 9 年偏少。

　　年初出现 1949 年以来罕见低温雨雪冰冻灾害;受"凤凰"台风影响,滁河流域夏季发生仅次于 1991 年的大洪水;淮河干流出现近 40 年来最大春汛,王家坝夏季 3 次超警戒水位;汛期各地多次出现强降水,黄山、宣城等地内涝严重;强对流天气时有发生,造成了较严重的经济损失和人员伤亡;大雾频发,严重影响交通运输。

　　2008 年全省因各类气象灾害造成农作物受灾面积 159.517 万公顷,其中绝收 19.498 万公顷;受灾 2341.05 万人,因灾死亡 56 人;倒塌房屋 19.30 万间,损毁房屋 34.44 万间;直接经济损失 214.00 亿元,其中农业经济损失 106.07 亿元。总体来看,全年气象灾害,尤其是年初的低温雨雪冰冻和滁河流域夏季洪涝损失严重,属气候偏差年景。但年内农业气象条件总体上较好,全年粮食产量再创新高。

第一章　全年气候概况及主要气象灾害

1.1　全年气候概况

1.1.1　气温

(1)年平均气温

2008 年安徽省年平均气温 16.0℃,较常年偏高 0.5℃,为 1997 年以来连续第 12 年偏高,但平均气温的偏高程度较 2007 年明显回落(图 1.1.1)。

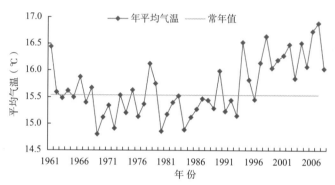

图 1.1.1　1961—2008 年安徽省年平均气温变化曲线图

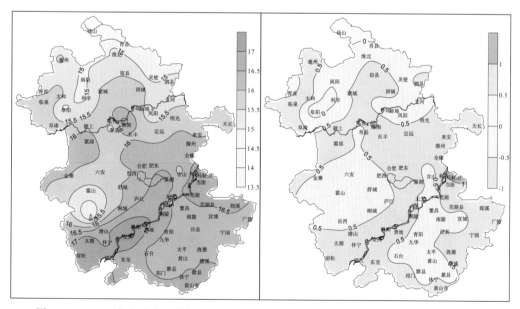

图 1.1.2　2008 年安徽省平均气温(℃)　　　图 1.1.3　2008 年安徽省平均气温距平(℃)

年平均气温的空间分布为:淮北大部、沿淮东部和大别山区 13.8～15.5℃,沿江大部和江南西南部 16.5～17.7℃,其他地区 15.5～16.5℃(图 1.1.2)。与常年相比,全省大部地区气温偏高,其中沿淮淮北中部和西部、江淮之间中东部、沿江大部以及江南东部和西部偏高 0.5℃以上(图 1.1.3)。

年内各月平均气温起伏大,1 月、2 月、6 月和 8 月气温较常年同期偏低;其他各月气温偏高(图 1.1.4)。

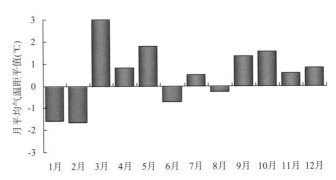

图 1.1.4　2008 年 1—12 月安徽省月平均气温距平图

(2)年极端气温

2008 年全省年极端最高气温沿淮淮北 34.5～36.0℃,沿江中西部和江南东南部 38.0～38.8℃,其他地区 36.0～38.0℃(图 1.1.5),主要出现在 7 月 3—6 日和 7 月 26—27 日。全省绝大部分地区年极端最高气温较常年偏低,其中沿淮淮北有 14 个市县为 1961 年以来最低值。年高温日数(日最高气温≥35℃的日数)沿江江南 20～39 天,江淮之间 5～20 天,沿淮淮北不足 5 天。与常年相比,沿江江南高温日数偏多 5～10 天不等;其他大部地区接近常年或偏少,

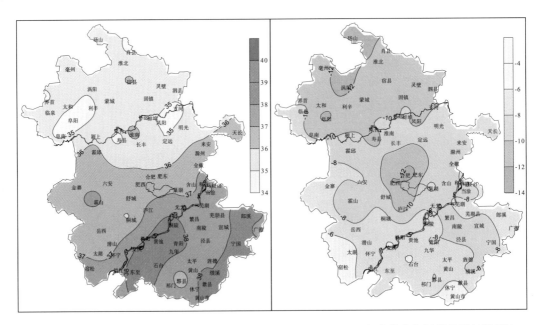

图 1.1.5　2008 年安徽省年极端最高气温(℃)　　图 1.1.6　2008 年安徽省年极端最低气温(℃)

其中沿淮淮北中西部异常偏少10～15天。2008年沿淮淮北地区平均高温日数仅2天,为1961年以来最少的一年,其中阜阳、寿县、萧县、利辛、五河、阜南、界首和凤阳等沿淮淮北8个市县未出现高温天气。

2008年全省年极端最低气温沿淮淮北和江淮之间中部－10.0～－13.1℃,其他地区－4.2～－10.0℃(图1.1.6),主要出现在2月3—4日以及2月22日。年低温日数(日极端最低气温≤0℃的日数)沿淮淮北、大别山区和江南中东部60～94天,其他地区37～60天。与常年相比,沿淮淮北和江淮之间东部低温日数接近常年或偏少,其他地区偏多5～20天不等。

从年平均气温百分位数来看,2008年淮南、宿松和广德年平均气温排在偏高年的前五位(即气温百分位数≤10％,下同),达到极端气候事件标准。

(3)四季气温

①冬季气温为1987年以来最低,前冬暖、后冬冷

冬季(2007年12月—2008年2月,下同):全省平均气温3.3℃,较常年偏低0.5℃,与2005年并列为1987年以来同期最低值。2007年12月气温异常偏高1.6℃;2008年1月和2月气温分别异常偏低1.5℃和1.7℃,其中2月份气温与2005年并列为1985年以来同期最低值。冬季平均气温的空间分布为:沿淮淮北和大别山区1.0～3.0℃,其他地区3.0～5.0℃(图1.1.7)。与常年同期相比,沿淮淮北大部、江淮之间东北部和江南东部接近常年,其他地区气温偏低,其中大别山区和阜阳一带显著偏低1.0℃以上(图1.1.8)。冬季气温明显呈现前冬暖、后冬冷。

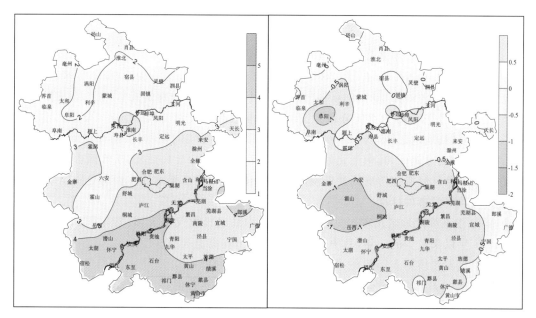

图1.1.7 2008年安徽省冬季平均气温(℃)　　图1.1.8 2008年安徽省冬季平均气温距平(℃)

②春季气温为1961年以来同期偏高年的第二位

春季(3—5月):全省平均气温17.0℃,较常年异常偏高1.9℃,为1997年以来连续第12年偏高,也是1961年以来仅次于2007年第二暖的春季。春季各月气温均偏高,其中3月异常偏高3.0℃,仅次于2002年,为1961年以来同期第二高值。春季平均气温的空间分布为:沿

淮淮北大部、江淮之间东部、大别山区和江南中东部 15.3～17.0℃,其他地区 17.0～18.7℃(图 1.1.9)。与常年同期相比,全省大部地区异常偏高 1.5～2.8℃不等(图 1.1.10)。从气温百分位数来看,全省有 73 个市县平均温度排在同期偏高年的前五位,达到极端气候事件标准,其中有 24 个市县创历史同期新高。

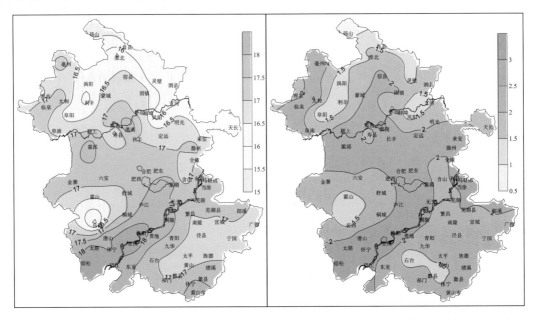

图 1.1.9　2008 年安徽省春季平均气温(℃)　　　　图 1.1.10　2008 年安徽省春季平均气温距平(℃)

③夏季气温为近 9 年来最低,沿淮淮北出现罕见凉夏

夏季(6—8 月):全省平均气温 26.4℃,较常年同期偏低 0.2℃,为 2000 年以来首次偏低,也是近 9 年来最低的一年,砀山创新低。6 月和 8 月平均气温分别偏低 0.7℃和 0.3℃,7 月偏高 0.5℃。夏季平均气温的空间分布为:淮北、沿淮东部和大别山区 24.3～26.0℃,沿江大部 27.0～27.9℃,其他地区 26.0～27.0℃(图 1.1.11)。与常年同期相比,沿江江南大部接近常年或偏高,其他地区偏低,其中淮北偏低 0.5～1.5℃不等(图 1.1.12)。从气温百分位数来看,淮北有 9 个市县气温排在历史同期低温年的前五位,其中砀山平均气温创历史同期新低,上述地区达到极端气候事件标准。

2008 年沿淮淮北地区出现罕见凉夏,夏季平均高温日数仅 2 天,较常年同期异常偏少 11 天,为 1961 年以来最少的一年,其中有 8 个市县未出现高温天气。

④秋季气温连续第 8 年偏高

秋季(9—11 月):全省平均气温 17.8℃,较常年同期显著偏高 1.2℃,为 2001 年来连续第 8 年偏高。秋季各月平均气温均偏高,其中 10 月异常偏高 1.6℃。秋季平均气温的空间分布为:合肥以北、大别山区以及江南中部 14.8～18.0℃,其他地区 18.0～19.5℃(图 1.1.13)。与常年同期相比,全省大部气温显著偏高 1.0℃以上,其中沿江江南东部异常偏高 1.5℃以上(图 1.1.14)。从气温百分位数来看,全省有 55 个市县平均气温排在同期偏高年的前五位,其中东至气温创新高。

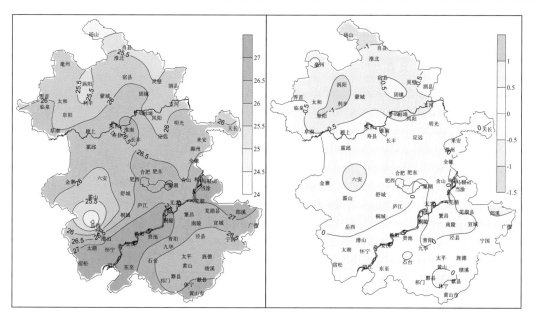

图 1.1.11　2008 年安徽省夏季平均气温(℃)　　图 1.1.12　2008 年安徽省夏季平均气温距平(℃)

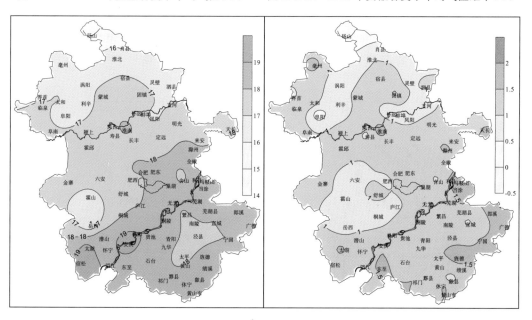

图 1.1.13　2008 年安徽省秋季平均气温(℃)　　图 1.1.14　2008 年安徽省秋季平均气温距平(℃

(4)终、初霜日期

终霜日:沿淮淮北大部、大别山区以及江南东南部主要出现在 3 月 9—20 日,其他地区 3 月 5—8 日。全省大部地区终霜日提早 10 天以上,其中淮北部分地区提早 25 天。

初霜日:11 月 10 日沿淮淮北和江淮东部出现初霜或霜冻,11 日霜冻区扩大至全省范围。与常年相比,沿淮淮北初霜日推迟 10~15 天,淮河以南接近常年。

1.1.2 降水

（1）年降水量和降水日数

①全省平均年降水量略偏少

2008 年安徽省平均年降水量 1138 毫米，较常年偏少 48 毫米（图 1.1.15）。

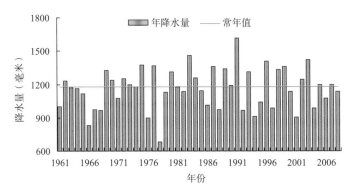

图 1.1.15 1961—2008 年安徽省平均年降水量变化直方图

年降水量的空间分布为：合肥以北大部 724～1000 毫米，大别山区和江南南部 1400～1914 毫米，其他地区 1000～1400 毫米（图 1.1.16）。与常年相比，沿淮淮北大部、大别山区、江淮之间东南部和皖南山区接近常年或偏多，其他大部地区接近常年或偏少（图 1.1.17）。

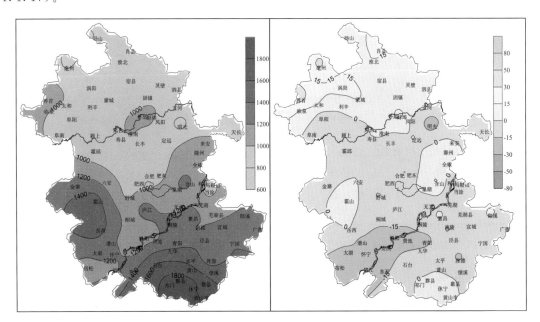

图 1.1.16 2008 年安徽省降水量（毫米）　　图 1.1.17 2008 年安徽省降水距平百分率（%）

年内各月降水分布不均，1月和 8月降水偏多，2月、3月、9月和 12月降水偏少，其他各月基本正常（图 1.1.18）。

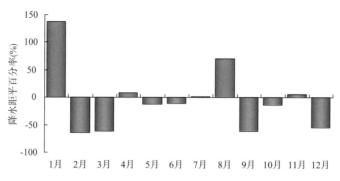

图 1.1.18　2008 年 1—12 月安徽省月降水距平百分率图

②全省平均年降水日数连续第 5 年偏少

2008 年安徽省平均年降水日数 114 天,较常年偏少 8 天,也是自 2004 年以来连续第 5 年偏少(图 1.1.19)。

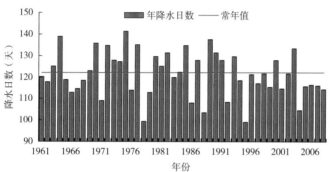

图 1.1.19　1961—2008 年安徽省平均年降水日数变化直方图

年降水日数的空间分布为:沿淮淮北 79～100 天,江南大部 140～158 天,其他地区 100～

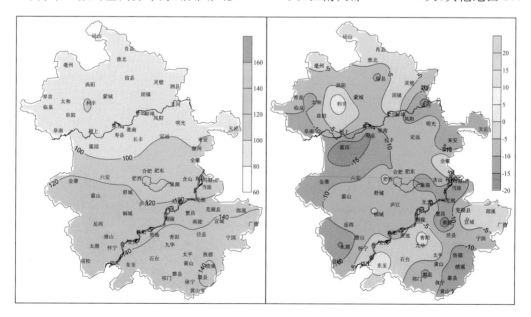

图 1.1.20　2008 年安徽省降水日数(天)　　　图 1.1.21　2008 年安徽省降水日数距平(天)

140 天(图 1.1.20)。与常年相比,全省绝大部分地区降水日数偏少,沿淮东部、江淮之间东部和西北部、沿江东部以及江南南部偏少 10～20 天不等(图 1.1.21)。

　　2008 年全省年暴雨日数(日降水量≥50 毫米的日数,下同)的空间分布为:江南南部 6～9 天,其他大部地区 0～6 天不等(图 1.1.22)。与常年相比,淮北北部、沿淮中部、大别山区和江南南部偏多 1～3 天,其他地区接近常年或偏少,其中江淮之间西南部和沿江西部偏少 2～5 天不等(图 1.1.23)。

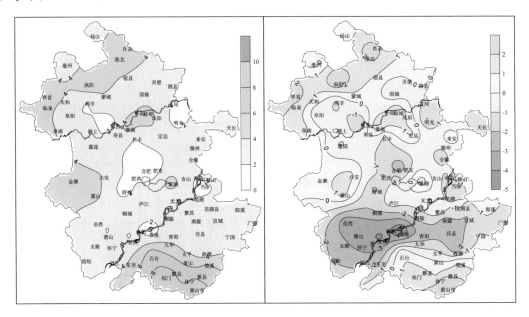

图 1.1.22　2008 年安徽省暴雨日数(天)　　图 1.1.23　2008 年安徽省暴雨日数距平(天)

　　2008 年全省年最长连续降水日数的空间分布为:淮北中西部、沿淮、江淮之间北部、沿江

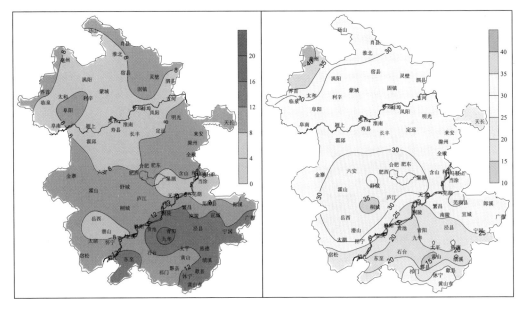

图 1.1.24　2008 年安徽省最长连续降水日数(天)　　图 1.1.25　2008 年安徽省最长连续无降水日数(天)

东部以及潜山和岳西一带4～8天,其他地区8～16天(图1.1.24),其中九华山1月11—30日出现了长达20天的持续雨雪天气。年内最长连续无降水日数的空间分布为:沿江江南中西部12～25天,淮北北部、江淮之间中西部30～42天,其中亳州11月17日—12月27日连续42天滴雨未下(图1.1.25)。

从年降水百分位数来看,2008年除安庆降水排在历史同期少雨年的前五位,达到极端降水事件标准外,其他地区未出现极端降水事件。

(2)四季降水特征

①冬季雨雪量偏多,1月份异常偏多1.5倍

冬季:全省平均降水量148毫米,较常年同期偏多27毫米,也是自2005年以来连续第4年偏多。2007年12月和2008年1月全省平均降水量偏多,其中1月降水异常偏多近1.5倍;2月全省大部地区降水偏少5成以上。冬季降水的空间分布为:沿淮淮北45～100毫米,淮河以南100～254毫米(图1.1.26)。与常年同期相比,全省大部降水偏多,其中沿江江南东部部分地区显著偏多5成以上(图1.1.27)。从降水百分位数来看,广德降水排在历史同期多雨年的前五位,达到极端气候事件标准。1月10日—2月6日,安徽省出现建国以来罕见低温雨雪冰冻天气。

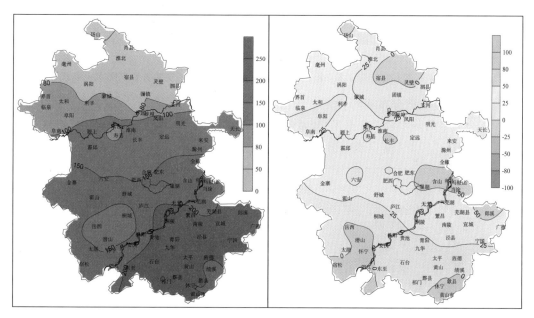

图1.1.26　2008年安徽省冬季降水量(毫米)　　图1.1.27　2008年安徽省冬季降水距平百分率(%)

②春季降水连续第5年偏少,沿江西部出现旱情

春季:全省平均降水量258毫米,较常年同期偏少65毫米,为2004年以来连续第5年偏少。春季3月降水偏少,4月和5月接近常年同期。春季降水的空间分布为:沿淮淮北大部、大别山区、沿江中西部和江南大部250～418毫米,其他地区100～250毫米(图1.1.28)。与常年同期相比,沿淮淮北大部显著偏多5成以上,淮河以南接近常年或偏少(图1.1.29)。从降水百分位数来看,合肥以南28个市县降水排在同期偏少年的前五位,其中歙县、祁门、石台、望江和芜湖县创历史同期新低;而界首、蒙城、涡阳、灵璧和固镇降水排在同期偏多年的前五

位;其他地区未出现极端降水事件。

4月上旬起安徽省南部降水持续偏少,5月中旬沿江西部出现旱情,之后旱情范围扩大。5月26—28日安徽省自北向南出现较强降水过程,前期旱情解除。

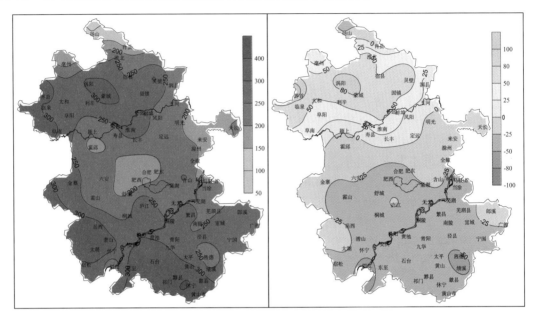

图 1.1.28 2008 年安徽省春季降水量(毫米)   图 1.1.29 2008 年安徽省春季降水距平百分率(%)

③夏季降水量空间分布不均

夏季:全省平均降水量 606 毫米,较常年同期偏多 74 毫米。夏季 6 月和 7 月降水接近常年同期,8 月降水为 1988 年以来同期最多的一年。夏季降水的空间分布为:江淮之间东部、大

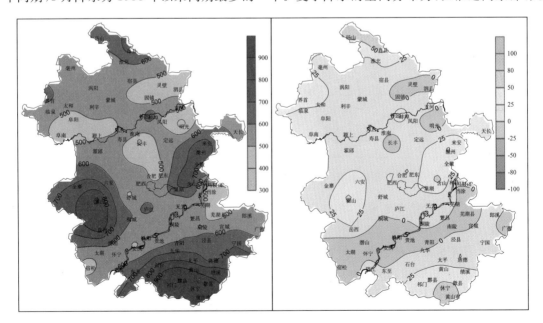

图 1.1.30 2008 年安徽省夏季降水量(毫米)   图 1.1.31 2008 年安徽省夏季降水距平百分率(%)

别山区和江南大部 600～1057 毫米，其他地区 347～600 毫米（图 1.1.30）。受"凤凰"台风残留云系影响，7 月 28 日—8 月 3 日滁州、巢湖等地出现了历史罕见的强降水，导致滁河流域发生仅次于 1991 年的大洪水。与常年同期相比，沿淮东部以及沿江一带略偏少，其他大部地区接近常年或偏多（图 1.1.31）。从降水百分位数来看，含山、霍山、萧县和巢湖降水排在同期偏多年的前五位，达到极端气候事件标准，其他地区未出现极端降水事件。

2008 年淮河以南 6 月 8 日入梅，较常年提早 8 天；7 月 4 日出梅，提早 6 天。对安徽省梅雨代表站进行统计，结果表明：江淮之间梅雨量 171 毫米，比常年偏少 34％；沿江江南 324 毫米，接近常年，也是安徽省南部自 2000 年以来梅雨量最多的一年。

④秋季江北大部降水偏少，沿江西部和沿淮西部出现旱情

秋季：全省平均降水量 148 毫米，较常年同期偏少 61 毫米。秋季 9 月降水显著偏少 6 成，10 月略偏少，11 月降水接近常年。秋季降水的空间分布为：沿淮淮北和江淮之间大部 37～150 毫米，其他地区 150～310 毫米（图 1.1.32）。与常年同期相比，沿江江南接近常年，其他地区偏少，合肥以北大部显著偏少 5 成以上（图 1.1.33）。从降水百分位数来看，江北地区 19 个市县降水排在历史同期偏少年的前五位，其中霍邱创历史同期新低，达到极端气候事件标准。

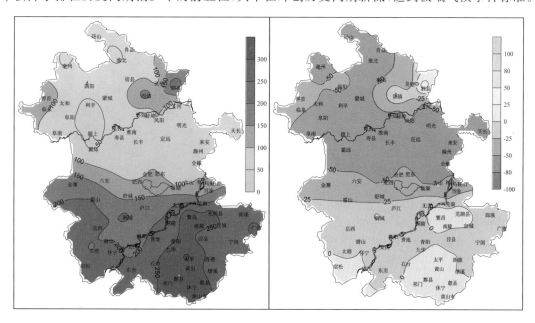

图 1.1.32　2008 年安徽省秋季降水量（毫米）　　图 1.1.33　2008 年安徽省秋季降水距平百分率（％）

受降水偏少影响，9 月中旬末沿江西部与沿淮西部部分地区旱象露头，进入下旬后沿江西部旱情持续发展，并有向江淮西南延伸趋势；10 月下旬全省出现较大范围降水过程，前期旱情基本解除。11 月下旬起，淮北地区旱象再次露头。

1.1.3　日照时数

2008 年全省平均年日照时数 1820 小时，较常年偏少 171 小时，是自 2004 年以来同期最少的一年（图 1.1.34）。

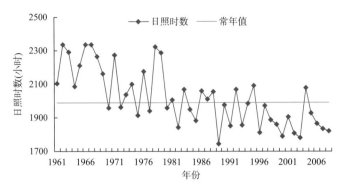

图 1.1.34　1961—2008 年安徽省平均年日照时数变化曲线图

年日照时数的空间分布为：淮北西部以及合肥以南大部 1472～1800 小时，其他地区 1800～2258 小时（图 1.1.35）。与常年相比，江淮之间西北部、江南南部日照时数接近常年，其他大部地区偏少，其中淮北西部、江淮之间中部偏少 300～590 小时不等（图 1.1.36）。

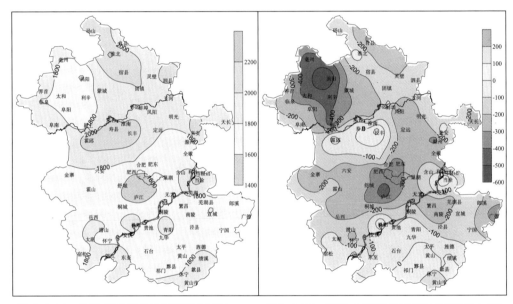

图 1.1.35　2008 年安徽省日照时数（小时）　　　　图 1.1.36　2008 年安徽省日照时数距平（小时）

年内各月日照时数分布不均，2 月、3 月、5 月、12 月较常年同期偏多；其他各月偏少（图 1.1.37）。

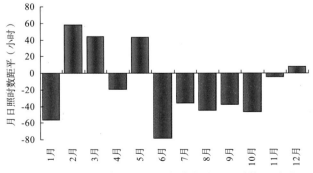

图 1.1.37　2008 年 1—12 月安徽省月日照时数距平图

冬季：全省平均日照时数 337 小时，较常年同期偏少 60 小时，也是自 2005 年以来连续第 4 年偏少。日照时数的空间分布为：合肥以北 350～463 小时，合肥以南 256～350 小时。与常年同期相比，全省日照时数均偏少，其中淮北西北部、大别山区、沿江江南中东部偏少 60～139 小时不等。

春季：全省平均日照时数 561 小时，较常年同期偏多 67 小时，也是自 2004 年以来连续第 5 年偏多。日照时数的空间分布为：合肥以北 550～735 小时，合肥以南 441～550 小时。与常年同期相比，全省日照时数偏多，其中沿淮中西部和江南南部偏多 100～157 小时。

夏季：全省平均日照时数 444 小时，较常年同期偏少 159 小时，为 1961 年以来同期最低值。日照时数的空间分布为：淮北西部、江淮之间东部和西南部 295～400 小时，其他地区 400～590 小时。与常年同期相比，全省日照日数均偏少，其中淮北中西部和江淮之间东部偏少 200～338 小时不等。

秋季：全省平均日照时数 408 小时，较常年同期偏少 88 小时，为 2001 年以来同期最少的一年。日照时数的空间分布为：淮北西部、江淮之间大部以及沿江江南中东部大部 299～400 小时，其他地区 400～516 小时。与常年同期相比，全省绝大部分地区日照时数偏少，其中淮北大部和江淮之间中东部偏少 100～182 小时不等。

1.1.4　年极端气候值表

2008 年，全省气象台站极端气候值详见下表：

表 1.1.1　2008 年安徽省气象台站极端气候值表

	站号	站名	数值	出现时间
最多降水日数	58426	太平	158 天	全年
最多无降水日数	58015	砀山	287 天	全年
最大日降水量	58330	含山	401.7 毫米	8 月 1 日
年极端最高气温	58530	歙县	38.8℃	8 月 21 日
年极端最低气温	58015	砀山	−13.1℃	12 月 22 日
最长连续降水日数	58421	青阳	16 天	6 月 13—28 日
最长连续无降水日数	58102	亳州	42 天	11 月 16 日—12 月 27 日

注：年极端气候值是指某一气象要素在一年中的最大或最小值。这里挑选的年极端气候值，是全年单站气象要素在全省所有台站中的最大或最小值。年极值统计结果取自全省 78 个台站（黄山光明顶、九华山除外）。

1.2　主要气象灾害

2008 年，年初出现罕见低温雨雪冰冻灾害；受"凤凰"台风影响，滁河流域夏季发生仅次于 1991 年的大洪水；淮河干流出现近 40 年来最大春汛，王家坝夏季 3 次超警戒水位；汛期各地多次出现强降水，黄山、宣城等地内涝严重；强对流天气时有发生，灵璧龙卷造成人员伤亡；大雾频发，严重影响交通运输（表 1.2.1）。

安徽省气象灾害年鉴·2009

表 1.2.1   安徽省 2008 年主要天气气候事件

主要气候事件	主要影响时段	主要影响范围
低温雨雪冰冻灾害	1 月 10 日—2 月 6 日	淮河以南
台风"凤凰"	7 月 28 日—8 月 2 日	江淮之间中东部
淮河春汛	4 月 18—21 日	淮河流域
暴雨洪涝	6 月 8—10 日	皖南山区
	7 月 22—23 日	沿淮淮北
大风、冰雹和龙卷	6—7 月	全省大部
大雾	全年	全省大部
雷电灾害	4—8 月	全省

　　总体来看,全年气象灾害,尤其是年初的低温雨雪冰冻和滁河流域夏季洪涝损失严重,属气候偏差年景。但年内农业气象条件总体较好,粮食产量再创新高。

1.2.1   主要灾害损失

　　2008 年全省因气象灾害造成的农作物受灾面积 159.517 万公顷,仅为多年平均受灾面积(1996—2007 年平均值,为 313.971 万公顷,下同)的一半,也较 2007 年明显减少 34.731 万公顷;全年农作物绝收面积 19.498 万公顷,绝收面积仅为多年平均值的 1/3。全省受灾人口 2341.05 万人次,较多年平均值(3323.24 万人次)减少 3 成,与 2007 年接近。全省因灾直接经济损失 214.00 亿元,比多年平均值(147.91 亿元)增加 66.09 亿元,也较 2007 年明显增加 68.40 亿元;但农业经济损失接近多年平均值(表 1.2.2)。

表 1.2.2   1996—2008 年安徽省主要气象灾害灾损表

年份	农作物受灾情况		人口受灾情况			损失情况			
	受灾面积(万公顷)	绝收面积(万公顷)	受灾人口(万人)	转移安置人口(万人)	因灾死亡(人)	倒塌房屋(万间)	损坏房屋(万间)	直接经济损失(亿元)	农业经济损失(亿元)
1996	350.812	86.434	2927.61	111.68	212	38.14	87.04	261.43	173.14
1997	257.886	39.225	2952.05	14.63	50	3.73	31.17	90.27	71.68
1998	357.766	61.588	3322.90	103.78	153	28.05	61.66	206.76	155.11
1999	369.418	59.344	4010.66	78.76	72	27.23	48.82	233.35	140.04
2000	405.793	62.629	4132.97	7.01	32	0.00	11.00	69.34	86.06
2001	376.842	67.794	4212.38	4.74	24	1.70	8.32	111.48	95.67
2002	315.482	37.931	3717.41	14.20	44	6.94	25.25	94.53	75.57
2003	481.604	118.167	4414.39	126.13	45	87.84	168.77	254.67	180.71
2004	140.344	22.467	1964.13	4.31	43	3.31	15.56	59.58	45.79
2005	318.445	65.442	3571.66	65.74	125	18.46	44.12	186.61	120.67
2006	199.016	25.698	2332.64	15.75	65	3.61	10.75	61.29	50.43
2007	194.248	58.980	2320.13	83.94	73	13.11	24.87	145.60	84.77
2008	159.517	19.498	2341.05	28.61	56	19.30	34.44	214.00	106.07

　　2008 年各类气象灾害中,以年初的低温雨雪冰冻灾害的受灾程度最为严重,全省大部地区道路交通中断,电力和通信设施损毁严重。从各类气象灾害损失占总灾损百分比看,雨雪冰冻灾害造成的农作物受灾面积、受灾人口以及直接经济损失占总损失的 50% 或以上;暴雨洪

涝造成的农作物受灾面积、受灾人口位居其次，而台风造成的直接经济损失仅次于低温雨雪冰冻灾害；大风、冰雹和龙卷等强对流天气造成的农作物受灾面积、受灾人口以及经济损失总体偏轻；各类气象灾害中，以雷击造成的死亡人数最多（达 20 人）（图 1.2.1）。

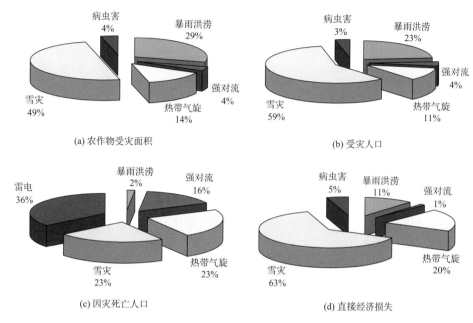

(a) 农作物受灾面积

(b) 受灾人口

(c) 因灾死亡人口

(d) 直接经济损失

图 1.2.1　安徽省 2008 年各类气象灾害损失占总灾损百分比（％）

1.2.2　各市灾情分述

对 2008 年全省 17 个市（含所辖县）主要气象灾害损失情况统计表明（表 1.2.3）：

（1）从农作物受灾情况看：全省农作物受灾面积超过 20 万公顷的地市分别为宿州和巢湖；而农作物绝收面积滁州和巢湖最多，占全省绝收面积的近一半。

（2）从人口受灾情况看：全省受灾人口较多的地区为安庆、巢湖、六安、宿州和滁州，均超过 200 万人次，并且均以低温雨雪冰冻灾害造成的受灾人数最多。此外，滁州因各类气象灾害造成 16 人死亡，为全省最多；而淮南、铜陵和黄山无死亡记录。

（3）从气象灾害造成的经济损失看：滁州、宣城、六安、黄山和巢湖等地因灾直接经济损失和农业经济损失相对较重；淮南和淮北因灾经济损失相对偏轻。

表 1.2.3　2008 年安徽省各地市主要气象灾害损失表

地市	农作物受灾面积（万公顷）	绝收面积（万公顷）	受灾人口（万人）	转移安置人口（万人）	因灾死亡（人）	倒塌房屋（万间）	损坏房屋（万间）	直接经济损失（亿元）	农业经济损失（亿元）
合肥市	5.549	0.190	28.03	1.04	4	1.57	1.62	6.57	3.68
芜湖市	3.962	0.494	46.88	1.20	1	0.61	0.78	9.98	3.75
蚌埠市	2.636	0.187	61.99	0.23	5	0.46	1.60	3.35	2.68
淮南市	0.536	0.389	9.14	0.20	0	0.20	0.70	0.80	0.66
马鞍山市	0.139	0.00	1.98	0.08	4	0.63	0.10	1.12	0.47
淮北市	0.459	0.084	9.23	0.05	2	0.05	0.26	0.36	0.26

地市	农作物受灾面积(万公顷)	绝收面积(万公顷)	受灾人口(万人)	转移安置人口(万人)	因灾死亡(人)	倒塌房屋(万间)	损坏房屋(万间)	直接经济损失(亿元)	农业经济损失(亿元)
铜陵市	1.115	0.063	30.88	0.05	0	0.27	0.40	2.48	0.95
安庆市	18.390	1.927	399.53	3.52	2	2.68	6.48	19.38	8.30
黄山市	9.670	1.271	192.91	2.57	0	4.04	3.45	23.71	13.27
滁州市	18.424	4.871	209.23	9.52	16	1.60	5.15	36.73	12.92
阜阳市	8.035	1.801	109.25	0.29	2	0.57	0.89	3.34	2.63
宿州市	22.183	0.562	235.86	0.47	3	0.38	1.02	14.70	14.21
巢湖市	21.916	3.246	339.02	2.32	5	1.87	2.29	23.50	11.48
六安市	17.014	2.317	240.90	3.24	5	1.98	4.67	27.81	13.39
亳州市	14.254	0.733	128.91	0.11	1	0.19	0.59	2.23	2.13
池州市	6.559	1.193	113.60	2.19	1	1.46	1.82	9.30	4.03
宣城市	8.675	0.170	183.71	1.54	5	0.77	2.62	28.63	11.28

总体来看,年内巢湖、滁州、宿州、安庆以及宣城等地气象灾情相对较重;而淮南、淮北、马鞍山和铜陵等地灾情相对偏轻。

1.3　2008 年农业气象条件

安徽省 2008 年全年农业气象条件的显著特点为:年内气温起伏大,冬冷春暖夏凉秋燥,积温显著偏多且有效性高;水分总量适宜,但季节、区域分配不均,秋冬连旱严重,局地洪涝明显;日照时数总量不足,但春季显著偏多,夏秋持续偏少。综上所述,夏粮生长季光、温、水组合合理,气象条件基本适宜;秋粮生长季水、热总量基本可满足作物需求,但分布不均,日照时数偏少;局部洪涝给当地秋粮带来一定损失,但对全省秋粮产量影响不大,气象条件总体上利大于弊,全年农业气象条件总体较好。据省农委统计,全年粮食总产3023.3 万吨,单产 4.6 吨/公顷,分别较上年增产 4.2%和 2.9%;油菜籽和棉花单产与上年基本持平。9 月份以后降水持续偏少,导致合肥以北大部分地区出现秋冬连旱,对来年夏粮产量产生一定影响。

1.3.1　全年农业气象条件分析

(1)越冬后期持续大雪天气,秋播作物部分受灾

小麦、油菜越冬前期(2007 年 12 月中旬至 2008 年 1 月上旬),光、温、水等气象要素配合基本协调,土壤墒情适宜,基本壮苗越冬。越冬后期(2008 年 1 月中旬至 2 月上旬),安徽省出现了罕见的雨雪冰冻天气。由于沿淮淮北小麦主产区雨雪量和低温程度接近常年,对小麦生长有利,但是对江淮地区已拔节的春性小麦造成不同程度的冻害。淮河以南地区由于雪深较深,并且气温显著偏低,造成油菜茎秆折断和冻害,对油菜生长的不利影响大于冬小麦。

(2)开春后多晴好天气,小麦、油菜恢复生长,小麦籽粒灌浆充实

冬季雨雪有效补充了农田土壤水分。立春后多晴好天气,气温偏高、日照充足,全省大部分地区土壤墒情适宜,促进了小麦、油菜苗情转化,前期受冻的小麦、油菜苗大部分恢复生长,小麦、油菜长势总体较好。

小麦、油菜生长关键期,多晴好天气,且气温日较差大,有利于小麦、油菜籽粒灌浆充实,增加粒重,为小麦增产、油菜稳产打下了基础。

(3)春末夏初天气条件总体有利,夏粮成熟收获基本顺利

小麦、油菜收割期间大部分时段以晴到多云天气为主,油菜基本在5月下旬前收晒完毕。虽然在5月下旬末至6月上旬光照不足,不利于小麦晾晒,但没有出现造成产量损失较大的"烂场雨"天气。6月上旬末的集中强降水过程主要出现在沿江江南,麦区的天气条件基本利于小麦收割,6月10日全省小麦基本收获完毕。

(4)夏播夏种基本顺利,播栽后北部气象条件适宜、南部多灾害

夏播夏种期间的过程性降水,为一季稻适时移栽和夏播夏种的顺利进行提供了充足的水分条件。同时,秋收作物主产区(沿淮淮北)播栽后晴雨相间,气象条件组合利于夏播作物的正常生长。但6月上旬末至下旬沿江江南持续的暴雨以及6月下旬初江淮地区的集中强降水,导致部分地区出现短时内涝和农田渍涝。同时,6月份全省大部分地区低温寡照,使一季稻大田分蘖减缓。

(5)夏季气象条件总体适宜,但滁河流域涝灾严重,作物受损

6月下旬后期至7月中旬全省光温水组合适宜,有利于一季稻分蘖、幼穗分化和旱作物的旺盛生长。一季稻抽穗扬花期间,大部分地区降水偏多,满足了一季稻孕穗抽穗期对水分的需求,也利于双晚的适时移栽和返青分蘖;由于未遭受高温热害,一季稻结实率较高,有效穗适中。同时,旱作物主产区多雷阵雨天气,大部分地区土壤墒情适宜,利于旱作物的产量形成。

7月下旬初沿淮淮北普降暴雨、大暴雨并伴有大风,部分地区内涝严重,旱作物受淹,高秆作物倒伏。

7月末至8月初,滁河流域普降暴雨、大暴雨,局部特大暴雨,发生了有实测记录以来仅次于1991年的大洪水。大风和强降水造成部分一季稻倒伏、受淹,导致滁州、巢湖等地一季稻产量受损。

(6)秋收作物生长后期气象条件适宜,收获顺利

8月下旬至10月中旬,全省多晴好天气,虽然光照偏少,但基本能满足在地作物的后期生长要求,同时气温日较差大,土壤水分适宜,气象条件有利于一季稻籽粒灌浆充实和干物质积累,也利于秋收旱作物的果实发育。

一季稻从8月下旬末开始自南向北成熟收割,秋收旱作物大部分从9月中旬开始成熟、收获,多晴好天气使秋收进展十分顺利,至10月中旬全省秋粮基本收获完毕。

(7)秋冬连旱、强降温影响小麦播种和苗期生长

秋季除11月沿江江南降水偏多外,其他时段降水持续偏少。10月中旬起,淮北中北部、沿江西部以及高岗易旱地区出现不同程度的旱情,对冬小麦、油菜播种出苗产生影响。虽然10月下旬全省普降中雨,对缓解旱情有利,但11月以后,全省又进入少雨阶段,尤其是沿淮淮北小麦主产区降水显著偏少,旱情严重,加之12月份的两次强寒潮,旱冻叠加,部分小麦晚弱苗受到严重威胁,导致其生长迟缓、次生根发育差,苗弱、苗小、分蘖缺位、叶片叶尖发黄干枯,严重的甚至成片枯死,尤以阜阳、亳州、淮北、宿州、蚌埠以及高岗易旱地受害较重。

1.3.2 主要作物气候条件分析

(1)气候与小麦

2008年安徽省冬小麦自上年10月播种到6月上旬末成熟收获,其生育期气象条件总的特征是:2007年秋播墒情好,播期集中,出苗整齐,苗情均衡。越冬后期持续雨雪天气,部分地区出现轻度冻害以及因融雪时间较长产生渍害。其他大部分时段光、温、水组合较为合理,有利于冬小麦的生长发育和产量形成;病虫害虽有重发的趋势,但得到有效控制。同时,农业科技进步为小麦丰收提供了重要保障。综上原因,2008年全省小麦单产和总产再创历史新高。

(2)气候与油菜

2008年安徽省油菜自上年9月播种到2008年6月上旬末成熟收获,其生育期气象条件总的特征是:2007年秋播墒情好,播期集中,出苗整齐,苗情均衡。冬前苗期气象条件基本有利,总体长势正常。越冬前期气温偏高导致油菜提前抽薹。越冬后期持续雨雪天气,增强了返青前后作物的耐寒抗冻能力,同时雨雪也补充了土壤墒情,满足了春季生长发育高峰的水分代谢需要;但由于低温较低,部分油菜出现冻害,同时油菜生育期推迟。抽薹开花期,气温回升比较平稳,晴雨相间,有利于油菜返青生长,营养生长向生殖生长过渡平稳。结荚期后,尽管几次雨水过程诱发了菌核病,部分地区病害较重,但光温水匹配合理,比较有利于油菜灌浆结实。

(3)气候与水稻

2008年安徽省一季稻从4月下旬开始育秧到9月下旬成熟收获,其生育期气象条件总的特征是:育秧期光温水匹配合理,一季稻苗情素质好、质量高,大部分地区适期移栽。6月上中旬江南以及下旬初江淮之间出现强降水过程,使刚移栽的一季稻浸泡在水中引起泛苗;另外,低温寡照使也使一季稻分蘖发棵减缓。抽穗扬花期雨水充足,35℃以上的高温日数相对较少,没有出现明显的灾害性天气,结实率较高,有效穗较适中。但一些时段出现低温寡照、局部强降水天气仍给一季稻生长带来不利影响,尤其是7月下旬末至8月初,滁河流域发生了仅次于1991年的大洪水,导致部分一季稻受淹,减产严重。

(4)气候与棉花

2008年安徽省棉花从5月份开始出苗到10月份采摘收获,其生育期气象条件总的特征是:苗期至现蕾期多晴好天气,苗期长势较好,但6月淮河以南持续阴雨天气,对棉花生长十分不利;且6月上旬末沿江部分地区因强降水导致部分地区出现短时内涝,造成部分棉田受灾。开花裂铃期气象条件基本适宜,但7月下旬初沿淮淮北的强降水以及"凤凰"台风带来的强降水和大风天气,导致部分棉田积水,对棉花生长较为不利,大风还吹落棉桃,影响棉花产量。裂铃吐絮期多晴好天气,有利于棉花吐絮采摘。

第二章　每月气象灾害纪事

2.1　1月主要气候特点及气象灾害

2.1.1　主要气候特点

　　1月全省平均气温为0.9℃,较常年同期异常偏低1.5℃,也是为1994年以来同期的最低值。月平均气温分布为:沿淮淮北−1.5～0℃,淮河以南0～3.2℃。与常年同期相比,全省大部气温偏低1.0℃以上,其中沿淮西部、江淮之间西部和大别山区异常偏低2.0～2.9℃不等。1月上旬全省大部气温较常年同期偏高1.0～2.0℃,中、下旬全省大部地区气温异常偏低2.0～4.5℃不等(图2.1.1)。

　　从月平均气温百分位数来看,全省有35个市县气温排在同期偏低年的前五位,达到极端气候事件标准。月极端最低气温:淮北、江淮之间、大别山区和江南中部−12.2～−6.0℃,其他地区−6.0～−2.8℃,大多出现在2—3日以及31日。

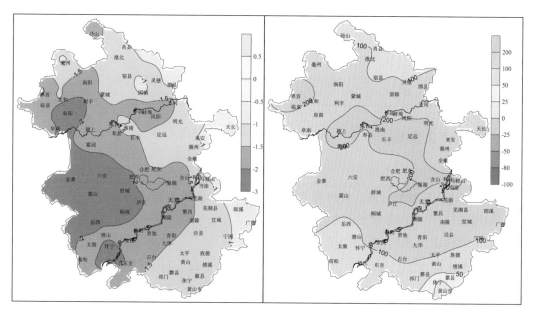

图2.1.1　2008年1月安徽省平均气温距平(℃)　图2.1.2　2008年1月安徽省降水距平百分率(%)

　　1月全省平均降水量为95毫米,较常年同期偏多55毫米,为1961年以来同期降水偏多年的第三位,仅次于1998和2001年。月降水量的空间分布为:沿淮淮北27～80毫米,淮河以南80～167毫米。与常年同期相比,全省降水均偏多,其中淮北东北部、沿江西部及江南南部偏多5成至1倍,其他大部地区异常偏多1倍以上(图2.1.2)。月内主要降水过程出现在

10—16 日、18—22 日以及 25—29 日。

从月降水百分位数来看,全省有 53 个站降水排在历史同期多雨年的前五位,达到极端气候事件标准,其中芜湖、马鞍山、铜陵、巢湖、舒城、金寨等 14 个市县降水之多突破历史同期极值。

1 月份全省平均日照时数为 71 小时,较常年同期偏少 56 小时,为 1961 年以来同期日照时数偏少年的第二位,仅多于 1990 年。月日照时数的空间分布为:合肥以北 60～132 小时,合肥以南 39～60 小时。与常年同期相比,全省日照时数均偏少,其中沿淮淮北西部、江淮之间大部和沿江东部偏少达 60 小时以上。1 月中下旬受雨雪天气影响,全省日照日数显著偏少,其中沿江江南部分地区基本无日照。

表 2.1.1　2008 年 1 月安徽省气象台站极端气候值表

	站号	站名	数值	出现时间
最多降水日数	58435	旌德	20 天	1 月
最多无降水日数	58116	淮北	24 天	1 月
最大日降水量	58421	青阳	47.8 毫米	11 日
月极端最高气温	58435	旌德	21.8℃	10 日
月极端最低气温	58015	砀山	−12.2℃	29 日
最长连续降水日数	58421	青阳	13 天	11—23 日
	58435	旌德		
	58441	广德		
	58530	歙县		
	58531	屯溪		
	58534	休宁		
最长连续无降水日数	全省 64 个市县		10 天	1—10 日

2.1.2　主要气象灾害

(1)连阴雨雪

1 月 10 日起,安徽省出现低温雨雪冰冻天气,至月末雨雪不断。持续性雨雪冰冻天气造成大面积雪灾。(详细内容参见 2.2 和 3.1 相关章节)

(2)低温

受冷空气不断南下影响,1 月 11 日起全省气温普遍下降。11—31 日,沿淮淮北和大别山区平均气温 −3.0～−1.5℃,其他地区 −1.5～2.0℃。与常年同期相比,全省平均气温异常偏低 3.0℃,仅次于 1993 年,与 1977 年并列为 1961 年以来同期低温年的第二位。从 1 月 11—31 日平均气温百分位数来看,全省有 76 个市县平均气温排在历史同期低温年的前五位,达到极端气候事件标准。其中淮北、霍邱、金寨、岳西、六安、肥西、舒城、桐城、庐江、安庆、怀宁、枞阳、潜山、宿松和望江 15 个市县气温之低突破历史同期极值。特别是下旬,全省平均气温为 −1.8℃,较常年同期异常偏低 4.1℃。砀山、肥东、阜阳、界首、涡阳、寿县、阜南、肥西和凤阳 9 个市县月极端最低气温低于 −10℃,最低砀山为 −12.2℃。受低温影响,大别山区和江南出现大范围的冻雨天气。

（3）大雾

1月8日，淮北和江淮之间部分地区出现大雾；9日大雾范围扩展到沿江地区，大部地区最低能见度50米以下，局部不足10米；10日江淮之间部分地区大雾持续。

1月29日，沿淮淮北部分地区再次出现大雾天气，其中亳州最低能见度仅40米。

2.2 2月主要气候特点及气象灾害

2.2.1 主要气候特点

2月份全省平均气温为2.7℃，较常年异常偏低1.7℃，与2005年并列为1985年以来同期最低值。月平均气温的空间分布为：沿江中西部和江南南部3.0~4.3℃，其他绝大部地区1.3~3.0℃。与常年同期相比，全省大部气温显著偏低，其中淮河以南绝大部分地区异常偏低1.5~2.8℃不等（图2.2.1）。月内上旬和中旬平均气温分别异常偏低3.7℃和2.2℃，而下旬较常年同期偏高0.8℃。

从月平均气温百分位数来看，全省有19个市县气温排在同期偏低年的前五位，达到极端气候事件标准。月极端最低气温：全省大部地区均低于−7.0℃，多数出现在3日和13日。2月3日，肥东、肥西、庐江、合肥、寿县和霍山6个市县最低气温均低于−10.0℃，其中肥东为−13.0℃，这也是全省2008年冬季的最低值。

2月份全省平均降水量为20毫米，较常年同期偏少35毫米，为1993年以来同期最低值。月降水量的空间分布为：沿淮淮北2~10毫米，沿江江南25~53毫米，其他地区为10~25毫米。与常年同期相比，全省绝大部分地区显著偏少5成以上，其中淮北中东部和西部、沿淮东部异常偏少8成以上（图2.2.2）。月内主要降水过程出现在1—2日、4—6日、17—18日以及24—26日。

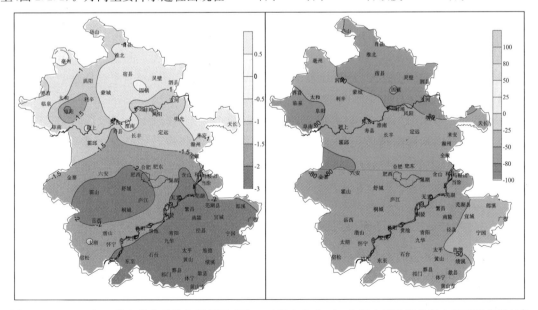

图2.2.1 2008年2月安徽省平均气温距平（℃）　　图2.2.2 2008年2月安徽省降水距平百分率（%）

从月降水百分位数来看,全省有 24 个站降水排在历史同期少雨年的前五位,主要集中在沿淮东部及江淮中部地区,达到极端降水事件标准。

2月份全省平均日照时数为 179 小时,较常年同期偏多 58 小时,仅次于 1963 年和 1968 年,为 1961 年以来同期第三多年。月日照时数的空间分布为:合肥以北 190~232 小时,合肥以南 132~190 小时。与常年同期相比,全省日照时数均偏多,其中合肥以北地区偏多 60~106 小时不等。

表 2.2.1　2008 年 2 月安徽省气象台站极端气候值表

	站号	站名	数值	出现时间
最多降水日数	58421	青阳	9 天	2 月
最多无降水日数		濉溪、宿州、淮北、萧县、砀山、临泉、涡阳、界首、亳州、蒙城、太和等沿淮淮北 11 个市县	28 天	2 月
最大日降水量	58414	太湖	16 毫米	25 日
月极端最高气温	58436	宁国	23.3℃	22 日
月极端最低气温	58323	肥东	—13.0℃	3 日
最长连续降水日数		庐江、霍山、舒城、安庆等淮河以南 22 个市县	3 天	24—26 日
最长连续无降水日数		涡阳、界首、太和等沿淮淮北 24 个市县	24 天	1—24 日

2.2.2　主要气象灾害

(1)雪灾

1月 10 日至 2 月 6 日,安徽省连续发生 5 次全省性降雪(1 月 10—16 日、18—22 日、25—29 日、2 月 1—2 日、2 月 4—6 日),造成大面积的雪灾。1 月 29 日 08 时全省积雪最深时,有 25 个市县的积雪深度超过 30 厘米,8 个市县超过 40 厘米,分别是:金寨(54 厘米)、霍山(50 厘米)、滁州(47 厘米)、舒城(45 厘米)、合肥(44 厘米)、巢湖(44 厘米)、和县(41 厘米)、马鞍山(41 厘米),最大金寨 54 厘米。大别山区和江南出现大范围的冻雨天气,电线结冰直径普遍在 10 毫米左右,最大黄山光明顶为 61 毫米。

与历史上大雪年的相比,2008 年雨雪的持续时间达 28 天,超过 1954 年、1964 和 1969 年,成为有气象资料以来降雪持续时间最长的一年。积雪深度和积雪面积总的来看,超过 1984 年。冰冻日数(日平均气温≤1℃且日降水量≥0.1 毫米)超过 18 天的市县主要出现在大别山区和江南中部地区,最多旌德为 22 天,冰冻日数明显多于 1984 年。

长时间低温、雨雪、冰冻灾害天气给安徽省交通、电力、通信、人民生活等方面造成严重不利影响,综合来看是建国以来持续时间最长、积雪最深、范围最大、灾情最重的一次雪灾。

(2)大雾

2月 3—8 日早晨,全省大部地区出现能见度低于 1000 米的雾,其中 3 日利辛出现最低能见度仅为 100 米的大雾。

2月 19—20 日早晨,全省大部地区出现不同强度的雾,其中 19 日铜陵能见度为 500 米。

2.3　3月主要气候特点及气象灾害

2.3.1　主要气候特点

3月份全省平均气温11.9℃,较常年同期异常偏高3.0℃,仅次于2002年,为1961年以来同期次高值。月平均气温的空间分布为:淮北大部、沿淮东部以及大别山区的金寨和岳西等地10.0~11.5℃,其他地区11.5~13.7℃。与常年同期相比,全省绝大部分地区气温异常偏高2.5~4.0℃不等(图2.3.1)。月内上、中、下旬气温均异常偏高,特别是中旬全省平均气温异常偏高5.0℃。

从月平均气温百分位数来看,全省78个市县气温均排在同期偏高年的前五位,达到极端气候事件标准,其中安庆、亳州、阜阳、寿县等19市县气温创有观测记录以来同期新高。月极端最低气温:淮北大部、大别山区和江南−3.3~0℃,其他地区0~3.9℃,主要出现在4日和9日,24日凌晨涡阳以及30日凌晨萧县出现霜冻记录;月极端最高气温:淮北北部22.9~24.0℃,大别山区和江南26.0~28.2℃,其他地区24.0~26.0℃,主要出现在12日和27日。按照日平均气温连续5天稳定高于10℃即进入春季的气候标准,全省绝大部分地区3月10日进入春季,较常年提早15~18天。

3月份全省平均降水量为36毫米,较常年同期偏少58毫米,为1961年以来同期偏少年的第四位,仅多于2006、1962年和2001年。月降水量的空间分布为:沿淮淮北2~25毫米,沿江西部和江南中西部50~76毫米,其他地区25~50毫米。与常年同期相比,全省绝大部分地区降水显著偏少5成以上,其中淮北北部异常偏少8成以上(图2.3.2)。月内主要降水过程出现在5—8日、12—13日、16—18日、21—22日以及27—29日。

从降水百分位数来看,全省有39个站降水排在历史同期少雨年的前五位,主要集中在淮北北部、江淮之间西南部和沿江江南大部,达到极端降水事件标准。

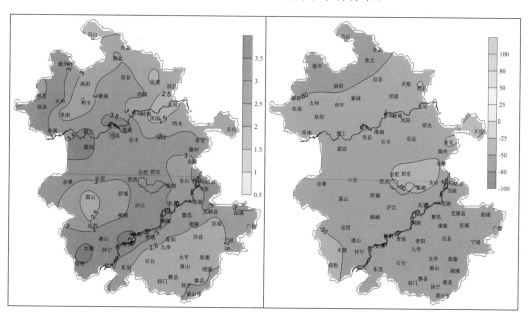

图 2.3.1　2008 年 3 月安徽省平均气温距平(℃)　　图 2.3.2　2008 年 3 月安徽省降水距平百分率(%)

3月份全省平均日照时数为178小时,较常年同期偏多44小时,为2000年以来连续第9年偏多。月日照时数的空间分布为:沿淮淮北190~241小时,淮河以南129~190小时。与常年同期相比,全省日照时数均偏多,其中沿淮淮北大部、江南南部偏多50~70小时。

表 2.3.1　2008年3月安徽省气象台站极端气候值表

	站号	站名	数值	出现时间
最多降水日数	58314	霍山	12天	3月
	58317	岳西		
	58416	怀宁		
	58421	青阳		
最多无降水日数	58015	砀山	30天	3月
最大日降水量	58414	太湖	28.2毫米	13日
月极端最高气温	58531	屯溪	28.2℃	27日
月极端最低气温	58222	凤阳	−3.3℃	4日
最长连续降水日数	58441	广德	4天	6—9日
最长连续无降水日数	58334	芜湖		
	58015	砀山	28天	1—28日

2.3.2　主要气象灾害

大雾

月内安徽省出现多次大雾天气,对交通运输造成了不利影响。

3月9日早晨,江北部分地区出现大雾,其中利辛、寿县和无为能见度均低于200米。

3月10日早晨,灵璧和寿县分别出现最低能见度低于80米和200米的大雾天气。

3月13日早晨,利辛出现能见度低于200米的大雾。

3月22日早晨,淮北部分地区出现大雾,亳州、阜南等地能见度不足100米,其中亳州最低能见度仅30米。

3月23日早晨,池州出现大雾,能见度普遍低于100米。

3月30日早晨,涡阳县出现大雾,最低能见度仅60米。

2.4　4月主要气候特点及气象灾害

2.4.1　主要气候特点

4月份全省平均气温16.4℃,较常年同期偏高0.8℃,为2004年以来连续第5年偏高。月平均气温的空间分布为:沿淮淮北、江淮之间东北部、大别山区和江南东部14.8~16.5℃,其他地区16.5~18.0℃。与常年同期相比,全省绝大部分地区气温偏高,其中沿江中西部、沿淮局部以及绩溪和屯溪一带显著偏高1.0℃以上(图2.4.1)。4月上旬全省大部偏高1.0~3.0℃;中旬淮北和江南南部偏高0.5~1.0℃,其他地区接近常年;下旬沿淮淮北局部和江南南部偏低0.5~1.0℃,沿江中西部偏高1℃,其他地区接近常年。

从月平均气温百分位数看,全省各市县气温基本正常,无极端气候事件出现。月极端最低气温:淮北北部和本省山区 1.2～4.0℃,其他地区 4.0～9.2℃,大部分地区出现在 1—3 日以及 24 日。月极端最高气温:江淮之间西部和沿江江南 29.5～31.7℃,其他地区 27.6～29.5℃,主要出现在 29—30 日。

4 月份全省平均降水量为 110 毫米,较常年同期偏多 7 毫米。月降水量的空间分布为:沿淮淮北、沿江西部和江南南部 100～213 毫米,其他地区 42～100 毫米。与常年同期相比,全省降水呈北多南少分布,合肥以北地区偏多,其中沿淮淮北异常偏多 1～3 倍不等;合肥以南大部地区偏少 2～5 成(图 2.4.2)。月内主要降水过程出现在 5—9 日、11—16 日以及 19—21 日。

从降水百分位数来看,沿淮淮北有 21 个站降水排在历史同期多雨年的前五位,其中界首、太和、利辛、灵璧和固镇 5 个站降水之多创历史同期新高;霍山和绩溪降水排在历史同期少雨年的前五位。上述市县降水均达到极端气候事件标准。

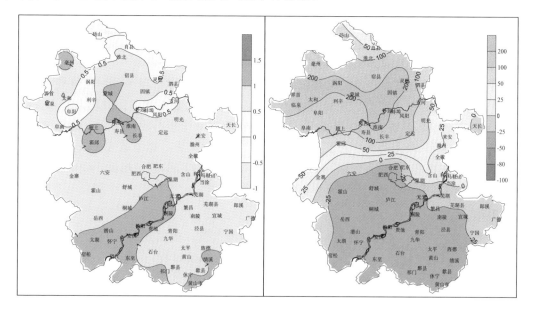

图 2.4.1　2008 年 4 月安徽省平均气温距平(℃)　　图 2.4.2　2008 年 4 月安徽省降水距平百分率(%)

4 月份全省平均日照时数为 148 小时,较常年同期偏少 19 小时,为 2004 年以来同期最少的一年。月日照时数的空间分布为:沿淮淮北 160～218 小时,淮河以南 101～160 小时。与常年同期相比,沿淮中西部基本正常,其余大部地区偏少,其中江淮之间东部和沿江江南东部偏少 40～63 小时不等。

表 2.4.1　2008 年 4 月安徽省气象台站极端气候值表

	站号	站名	数值	出现时间
最多降水日数	58534	休宁	18 天	4 月
	58221	蚌埠		
最多无降水日数	58215	寿县	26 天	4 月
	58117	利辛		
	58114	涡阳		
	58113	濉溪		
	58015	砀山		
最大日降水量	58108	界首	129.8 毫米	19 日

续表

	站号	站名	数值	出现时间
月极端最高气温	58428	石台	31.7℃	29 日
月极端最低气温	58015	砀山	1.2℃	3 日
最长连续降水日数	58320	肥西	8 天	8—15 日
最长连续无降水日数		砀山、凤阳、涡阳、濉溪、利辛等 25 个市县	10 天	21—30 日

2.4.2　主要气象灾害

(1)暴雨洪涝

4月8—9日,全省出现明显雷阵雨天气,大部分地区降水量普遍大于25毫米。其中8日淮南、长丰、蚌埠、怀远、金寨、定远、凤阳、明光、全椒、巢湖、马鞍山、含山、繁昌和郎溪等地出现2008年的首场暴雨,最大淮南98.1毫米。

4月19—20日,沿淮淮北地区出现强降雨天气。19日,涡阳、利辛、宿州、灵璧、怀远、阜南、阜阳、淮南和定远9个市县出现暴雨,临泉、界首、太和、蒙城4个市县出现大暴雨,最大界首129.8毫米;20日,灵璧、怀远、固镇、阜南、颍上和淮南6个市县出现暴雨。强降水导致泗县、灵璧、怀远、太和、阜阳等多个市县的部分乡镇遭受洪涝灾害。据省救灾办统计,受灾24.2万人,农作物受灾面积2.24万公顷,倒塌居民房屋107户241间,损坏房屋1430间,直接经济损失2892万元,其中农业经济损失2592万元。

(2)连阴雨

4月上、中旬,安徽省南部大部地区维持时阴时雨天气。根据连阴雨的气候标准:连续3天或3天以上有降水(日降水量≥0.1毫米)作为一次连阴雨过程;在大于3天的连阴雨过程中间,允许一天无降水,但该日日照应小于2小时;在连阴雨过程中间,允许有微量降水(0.0毫米),但该日日照应小于4小时。根据连阴雨天气持续时间的长短,将其划分为两级:3～6天的连阴雨过程为一次短连阴雨过程,≥7天的连阴雨过程为一次长连阴雨过程。

按照上述连阴雨气候标准,4月5—9日,合肥以南大部地区出现一次短连阴雨过程,其中5日大部地区出现大雨。持续的阴雨天气有效地缓解了前期的旱情,对正处于需水关键期的小麦生长发育非常有利。4月11—16日,副高偏强,西南暖湿气流活跃,合肥以南出现一次短连阴雨天气。多次降水过程为早稻播种和苗期生长提供了充足水分,但阴雨寡照天气影响秧苗健壮生长以及油菜干物质积累;部分地区还出现土壤过湿,造成农作物病虫草害偏重发生。

(3)雷电

4月8日16时左右,泾县蔡村镇河冲村一农民在田间劳作时遭雷击身亡;同日16时左右,东至县官港镇横岭村突遭强雷暴袭击,雷击造成1死1伤;当天17时许,池州市贵池区发生强雷暴天气,2名村民被雷击伤。

(4)大雾

4月安徽省出现多次大雾天气,对交通运输造成了一定的不利影响。

4月7日,全省大部地区出现大雾,其中利辛、凤台等地最低能见度低于100米。

4月10日,合肥、肥东、蒙城、利辛等地出现大雾。合肥境内高速公路最低能见度仅50

米,大雾导致高速多处入口陆续封闭。早晨6时许的半个小时内,合宁高速合肥方向肥东段发生22辆大货车相撞的重大交通事故,事故造成2人死亡,多人受伤。

4月14日,沿淮淮北出现大雾。大雾造成京台高速合徐段连续发生多起连环追尾事故,造成3人死亡、多人受伤、近20辆车受损。

4月17日,沿淮至沿江出现了大范围的大雾天气。大雾导致南洛高速公路滁州段接连发生多起车祸,数十辆车在不同地点发生追尾相撞事故,其中的两起相撞事故造成3人死亡,多人受伤,被堵在高速公路上的车流长达5千米;合肥境内的高速公路最低能见度不足50米,所有高速道口全部封闭。

(5)雷雨、大风

4月8日,全省出现明显阵性降水,大部分地区降水量普遍超过25毫米;同时部分地区伴有大风、雷电等强对流天气,这也是安徽省2008年的初雷,萧县、天长、无为、芜湖和铜陵等多个市县出现17米/秒以上的大风。据省救灾办信息,8日上午全椒县武岗和天长市永丰、冶山等乡镇因大风造成1133人受灾,倒塌房屋5户19间,损坏房屋102间;农作物受灾面积265公顷,直接经济损失55万元,其中农业经济损失27万元。

4月25日,定远、铜陵部分乡镇出现大风,其中定远极大风速达17.3米/秒。

2.5　5月主要气候特点及气象灾害

2.5.1　主要气候特点

5月份全省平均气温为22.7℃,较常年同期偏高1.8℃,是继2004年以来连续5年高于常年值,但较上年相比有所下降。月平均气温的空间分布为:沿淮淮北、大别山区和江南大部20.2～23.0℃,其他地区23.0～24.5℃。与常年同期相比,全省大部地区气温偏高1.0℃以上,其中江淮之间大部、沿江地区和江南东部偏高2.0～2.9℃不等(图2.5.1)。5月上旬全省大部地区气温偏高2.0～3.0℃;中旬江淮之间中东部以及沿江一带偏高1.0～2.0℃,其他大部地区接近常年;下旬江北偏高1.0～3.0℃,沿江江南偏高2.0～4.0℃。

从月平均气温百分位数看,全省有55个市县气温排在同期偏高年的前五位,达到极端气候事件标准,主要集中在淮河以南地区。月极端最低气温:淮北北部和本省山区6.3～10.0℃,其他地区10.0～14.2℃,主要出现在10日以及13—14日;月极端最高气温:沿淮淮北大部、大别山区和江淮之间东部31.4～34.0℃,其他地区34.0～35.8℃,主要出现在22日以及26—27日。

5月份全省平均降水量为112毫米,较常年同期偏少15毫米。总体来看,2002年以来安徽省5月份的降水有减少趋势。月降水量的空间分布为:淮北中西部、江淮之间西南部以及沿江江南地区100～227毫米,其他地区31～100毫米。与常年同期相比,淮河以北地区偏多,其中淮北中北部异常偏多1倍以上,淮河以南降水接近常年或偏少,其中沿江西部显著偏少5成以上(图2.5.2)。月内主要降水过程:17—18日、23—24日、26—28日。

从月降水百分位数来看,蒙城和界首降水排在历史同期多雨年的前五位;望江、绩溪、舒城和旌德4个市县降水排在历史同期少雨年的前五位,上述市县均达到极端降水事件标准。

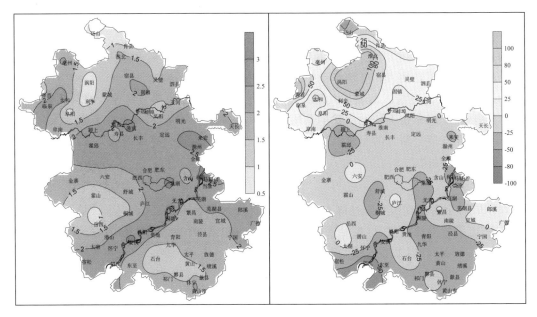

图 2.5.1　2008 年 5 月安徽省平均气温距平(℃)　　图 2.5.2　2008 年 5 月安徽省降水距平百分率(%)

　　5 月份全省平均日照时数为 234 小时,较常年同期偏多 43 小时,为 1995 年以来同期最多的一年。月日照时数的空间分布为:合肥以北大部 240~275 小时,其他地区 195~240 小时。与常年同期相比,全省均偏多,其中江南南部偏多 60~85 小时。

表 2.5.1　2008 年 5 月安徽省气象台站极端气候值表

	站号	站名	数值	出现时间
最多降水日数	58306	金寨	11 天	5 月
	58317	岳西		
最多无降水日数		临泉、太和、宿州、固镇、 五河、阜南、蚌埠、凤阳、 滁州、马鞍山、祁门	24 天	5 月
最大日降水量	58520	祁门	114.3 毫米	28 日
月极端最高气温	58442	郎溪	35.8℃	25 日
月极端最低气温	58015	砀山	6.3℃	13 日
最长连续降水日数	58317	岳西	6 天	23—28 日
	58520	祁门		
最长连续无降水日数	58523	黟县	13 天	10—22 日
	58534	休宁		

2.5.2　主要气象灾害

(1)暴雨洪涝

　　5 月 26 日夜里开始安徽省自北向南出现雷阵雨天气,27 日淮北和沿江江南普降暴雨。27 日 08 时—28 日 08 时,全省有 30 个县市出现暴雨,其中太湖 118.5 毫米、庐江 109.4 毫米、祁门 107.8 毫米为大暴雨。根据高密度雨量站监测,全省有 377 个乡镇出现暴雨,40 个乡镇出现大暴雨,最大庐江乐桥 194.0 毫米。

（2）大风、冰雹

5 月 3—4 日,安徽省多个市县出现大风天气,其中 3 日宁国极大风速达 21.8 米/秒;4 日萧县、濉溪和桐城出现大风。

5 月 17—18 日,安徽省自北向南出现了一次雷雨大风天气过程,界首、阜阳、定远和巢湖 4 个市县出现大风,阜阳极大风速达 19.4 米/秒;另据安徽省高密度自动站监测,有 14 个乡镇出现 17 米/秒以上大风。江北大部地区还伴有降水,其中淮北中部为中到大雨,蒙城最大 33.7 毫米,雷雨大风天气导致气温明显下降。

5 月 24 日 14 时,来安县半塔镇出现冰雹。据当地政府工作人员目测,冰雹一般有黄豆大小,最大冰雹直径达 2 厘米左右,持续时间 15 分钟左右。

5 月 27 日 16 时 40 分左右,黟县柯村乡宝溪村突降雷雨并伴有冰雹和大风,持续时间约为 10 分钟。大风导致宝溪村前屋组南山原生态茶厂一砖木结构茶叶棚倒塌,砸倒一名在该雨棚内避雨的妇女孙某,致使其头部被严重砸伤,经组织抢救无效于 27 日 18 时 30 分左右死亡;大风还导致宝溪村部分村民屋瓦被掀翻,不少居民房屋受损,树木被折断,损失严重。

5 月 27 日下午,涡阳、蒙城、谯城 3 个县、区发生大风、冰雹等强对流天气灾害,农作物受灾面积 0.91 万公顷。

（3）雷电

5 月 27 日下午,当涂县部分乡镇发生雷雨大风天气,大陇乡戎楚村湾桥组一村民在田里干活被雷击死亡。

（4）干旱

自 4 月上旬以来,安徽省南部地区降水持续偏少,特别是沿江西部及江南南部,至 5 月下旬初,江淮中部、沿江西部及江南南部旱情显现。26 日夜里至 28 日安徽省自北向南出现强降水,雨量充沛,安徽省各地旱情基本解除。

2.6　6月主要气候特点及气象灾害

2.6.1　主要气候特点

6 月份全省平均气温为 24.1℃,较常年同期偏低 0.7℃,为 1988 年以来同期最低值。月平均气温的空间分布为:淮北大部、江淮之间东部、大别山区和江南中东部 22.2～24.0℃,其他地区 24.0～25.2℃。与常年同期相比,全省大部地区气温偏低,其中沿淮淮北大部显著偏低 1.0℃以上（图 2.6.1）。6 月上旬淮北和大别山区平均气温偏低 1.0～3.0℃,其他地区接近常年;中旬江北大部偏低 1.5～3.0℃,沿江江南偏低 1.0～1.5℃;下旬除沿江西部和江南中西部正常略偏高外,其他地区偏低 0.5～1.0℃。

从月平均气温百分位数看,合肥以北地区有 25 个市县气温排在同期偏低年的前五位,其中灵璧和蒙城平均气温创有观测记录以来同期新低,上述地区达到极端气候事件标准。月极端最低气温:沿淮淮北、大别山区和江南中部 11.4～15.0℃,其他地区 15.0～19.0℃,主要出现在 4—5 日;月极端最高气温:淮北西北部、沿江江南中西部 34.5～35.7℃,其他大部地区

33.0～34.5℃,主要出现在 20 日以及 29—30 日。月内仅亳州、临泉、舒城和青阳出现了 1～2 天的高温天气(日最高气温≥35℃),高温日数较常年同期显著偏少。按照日平均气温连续 5 天稳定高于 22℃ 即进入夏季的气候标准,沿江西部部分地区和江南南部 5 月 15—16 日进入夏季,较常年提早 16～25 天不等;其他大部地区 6 月 18—19 日进入夏季,较常年偏晚 10～18 天不等。

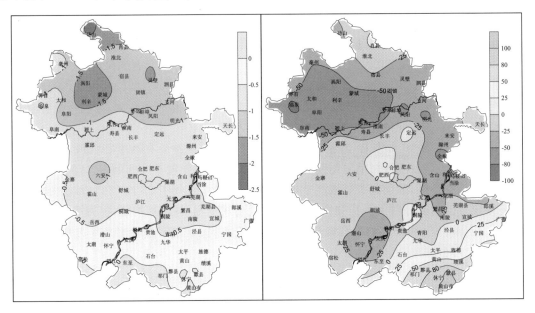

图 2.6.1　2008 年 6 月安徽省平均气温距平(℃)　　图 2.6.2　2008 年 6 月安徽省降水距平百分率(%)

　　6 月份全省平均降水量为 182 毫米,较常年同期偏少 23 毫米,也是自 2004 年以来连续 5 年偏少。月降水量的空间分布为:沿淮淮北 24～100 毫米,江淮之间大部 100～200 毫米,其他地区 200～690 毫米。与常年同期相比,沿淮淮北、江淮之间东部以及沿江西部偏少,其中沿淮淮北中西部显著偏少 5 成以上;江南大部偏多,其中皖南山区异常偏多 8 成以上;其他地区基本正常(图 2.6.2)。月内主要降水过程出现在 3 日、8—11 日、13—15 日、17—18 日、21—24 日以及 26—27 日。

　　从月降水百分位数来看,沿淮西部的颍上、临泉、阜阳和怀远降水排在历史同期少雨年的前五位;而皖南山区的歙县、休宁、屯溪和黟县降水排在历史同期多雨年的前五位。上述市县降水均达到极端气候事件标准。

　　6 月份全省平均日照时数为 102 小时,较常年同期偏少 79 小时,创 1961 年以来同期新低。月日照时数的空间分布为:沿淮淮北、大别山区和沿江西部 100～169 小时,其他地区 46～100 小时。与常年同期相比,全省日照时数均偏少,其中江淮之间东部和沿江东部偏少达 100～120 小时不等。

表 2.6.1　2008 年 6 月安徽省气象台站极端气候值表

	站号	站名	数值	出现时间
最多降水日数	58419	东至	22 天	6 月
最多无降水日数	58015	砀山	24 天	6 月
最大日降水量	58438	绩溪	177.0 毫米	10 日
月极端最高气温	58107	临泉	35.7℃	29 日

	站号	站名	数值	出现时间
月极端最低气温	58203	阜阳	11.4℃	5 日
最长连续降水日数	58421	青阳	16 天	13—28 日
最长连续无降水日数	58203	阜阳	12 天	4—15 日

2.6.2 主要气象灾害

(1)暴雨洪涝

自 6 月 8 日安徽省南部进入梅雨期以后,淮河以南大部地区维持时阴时雨天气,其中大别山区和江南南部出现持续强降水,局部暴雨、大暴雨,黄山、宣城等地受灾严重;17 日后强降雨带向北扩展至江淮之间,导致合肥以南 14 个县市发生严重内涝;26 日沿江江南再次出现强降水。

6 月 8—10 日,沿江西部和江南大部出现强降水过程,过程降水量普遍超过 100 毫米,其中 10 日江南南部 7 个市县出现暴雨,9 个市县出现大暴雨,绩溪最大 177.0 毫米。9—10 日黄山、宣城等地因暴雨洪涝造成河水暴涨,部分村庄进水,耕地受淹冲毁,水利、电力、交通等基础设施损毁严重,受灾 93.1 万人,转移安置 13846 人;农作物受灾面积 4.28 万公顷,其中成灾面积 3.15 万公顷,绝收面积 0.62 万公顷,毁坏耕地 0.45 万公顷;倒塌房屋 978 间,损坏房屋 7795 间;直接经济损失 9.64 亿元,其中农业经济损失 5.38 亿元。主要受灾区域为黄山市,直接经济损失 9.21 亿元,其中农业经济损失 5.17 亿元。

6 月 13—14 日强降水维持在沿江江南,13 日江南南部 5 个市县出现暴雨、大暴雨;祁门最大日降水量达 105 毫米。

6 月 17—18 日合肥以南大部地区出现大到暴雨,其中 17 日有 16 个市县暴雨,18 日屯溪出现暴雨。

6 月 19 日起主雨带逐渐北抬,全省出现明显降水过程。20 日淮北和萧县出现暴雨;21 日有 6 个市县出现暴雨、大暴雨,其中定远和霍邱出现大暴雨;22 日强降水集中在江淮之间以及沿江部分地区,有 11 个市县出现暴雨、大暴雨,最大合肥为 130.3 毫米。持续的强降水导致合肥、铜陵、巢湖、安庆、六安市局部发生内涝和山洪,共涉及 14 个县(市、区)。全省受灾 54.1 万人,转移安置 3118 人;农作物受灾面积 3.29 万公顷,其中绝收 0.185 万公顷;毁坏耕地 265 公顷;倒塌房屋 390 间,损坏房屋 1443 间;直接经济损失 1.35 亿元,其中农业经济损失 9952 万元。

6 月 26—27 日,沿江江南再次出现强降水,祁门、绩溪、郎溪和休宁出现暴雨。

(2)大风、冰雹和龙卷

6 月 3 日安徽省江北大部分地区出现雷暴天气,五河、亳州、定远、阜阳、界首、涡阳、利辛、砀山、蒙城、滁州、太湖等 11 个市县出现 7~8 级以上的大风,最大五河 11 级(29.3 米/秒),亳州 10 级(26.5 米/秒)。同时泗县、五河、无为、涡阳县、亳州谯城区、明光市因冰雹(冰雹直径五河 10 毫米,宿州 4 毫米)导致 7.58 万人受灾,因灾死亡 3 人(泗县、五河、无为各 1 人),伤病 6 人;农作物受灾面积 0.671 万公顷,其中成灾 0.283 万公顷;倒塌居民住房 342 间,损坏房屋 2063 间,直接经济损失 4943 万元,其中农业经济损失 4713 万元。

6月20日14时至14时10分,涡阳县青町镇张各村、李圩村发生大风灾害,受灾135人,损坏房屋15户42间,共计房屋损失4万元,树木损失2万元,直接经济损失6万元。

6月20日16时20分左右,灵璧县灵城镇徐杨村、刘兆村、西关、南姚、虹川等社区遭受严重龙卷风袭击,受灾2万余人,因灾死亡1人,受伤住院45人,其中重伤8人,倒塌民房653间,损毁房屋965间,紧急转移安置灾民952人,因灾造成直接经济损失1852万元,其中农业经济损失300万元、工矿企业损失130万元、基础设施损失151万元、公益设施损失85万元、家庭财产损失1186万元。

(3)雷电

6月21日,来安县雷官镇雷官村上吉组一村民在田野中遭雷击身亡;同日,肥东县白龙镇肖凤村赵庄组一村民放牛时遭雷击身亡。

6月23日18时左右,泾县楼外楼饭店一厨师遭雷击身亡。

6月30日下午,六安市裕安区罗集乡云水村2人遭雷击身亡。

(4)大雾

6月7—10日,沿淮淮北部分地区连续出现能见度小于500米的大雾,其中8日5时,涡阳、五河能见度小于80米,受大雾影响,在南洛高速公路明光段相隔不到2千米路段先后发生了两起重大交通事故,造成2人死亡,多人受伤。

6月12日利辛、蚌埠出现大雾,利辛能见度60米,蚌埠200米。

6月14日,沿淮淮北地区出现大雾。大雾造成京台高速合徐段连续发生多起连环追尾交通事故,造成3人死亡、多人受伤、近20辆车受损。

6月16日宿州、17日五河分别出现大雾,其中五河能见度不足200米。

6月19日涡阳出现能见度仅200米的大雾。

6月21日早晨,淮北部分地区出现大雾,砀山县能见度小于500米,涡阳最低能见度仅80米。

6月23日早晨铜陵出现大雾,能见度小于900米。

2.7 7月主要气候特点及气象灾害

2.7.1 主要气候特点

7月份全省平均气温为28.2℃,较常年同期偏高0.5℃,为2000年以来连续第9年偏高。月平均气温分布为:沿淮淮北、大别山区和皖南山区25.8~28.0℃,其他地区28.0~30.0℃。与常年同期相比,淮北西北部偏低0.5~1.3℃,其他地区接近常年或偏高,其中江淮至江南东部以及沿江中西部显著偏高1.0℃以上(图2.7.1)。7月上旬全省大部地区偏高1.0~3.0℃;中旬淮北北部正常略偏低,沿江江南大部偏高1.0~2.0℃,其他地区接近常年;下旬合肥以北大部地区偏低1.0~2.0℃,沿江江南接近常年或偏高。

从月平均气温百分位数来看,月内各市县气温基本正常,无极端气候事件出现。月极端最低气温:沿淮淮北19.5~22.0℃,淮河以南22.0~24.0℃,主要出现在2日、6日和19—21日;月极端最高气温:合肥以北34.0~36.0℃,合肥以南36.0~38.5℃,主要出现在3—6日和

26—27 日。7 月高温日数沿淮淮北最少,不足 2 天,较常年偏少 4 天;沿江江南最多,为 12～18 天,较常年偏多 6～8 天。

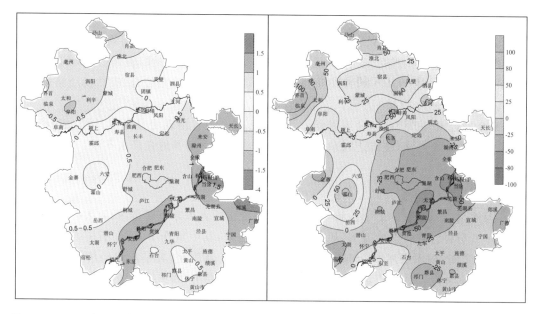

图 2.7.1　2008 年 7 月安徽省平均气温距平(℃)　　图 2.7.2　2008 年 7 月安徽省降水距平百分率(%)

7 月份全省平均降水量为 200 毫米,较常年同期偏多 4 毫米,为 2005 年以来连续第 4 年偏多。月降水量的空间分布为:沿淮淮北、大别山区和沿江西部 200～414 毫米;其他地区 59～200 毫米,特别是沿江东部不足 100 毫米。与常年同期相比,沿淮淮北和大别山区偏多,其中淮北西部和霍山一带异常偏多 8 成以上;其他地区正常或偏少(图 2.7.2)。月内除 3—4 日无降水外,其他时段多雷阵雨天气。

从月降水百分位数来看,霍山、砀山、萧县和太和降水排在历史同期多雨年的前五位;而铜陵降水排在历史同期少雨年的前五位。上述市县降水均达到极端气候事件标准。

7 月份全省平均日照时数为 173 小时,较常年同期偏少 36 小时,为 2005 年以来同期连续第 4 年偏少。月日照时数的空间分布为:淮河以北不足 150 小时,淮河以南大部 150～269 小时。与常年同期相比,全省日照时数沿淮淮北、大别山区和江淮东部偏少 30～162 小时,其他地区接近常年或偏多。

表 2.7.1　2008 年 7 月安徽省气象台站极端气候值表

	站号	站名	数值	出现时间
最多降水日数	58117	利辛	25 天	7 月
最多无降水日数	58335	当涂	20 天	7 月
最大日降水量	58015	砀山	157.1 毫米	22 日
月极端最高气温	58421	青阳	38.5℃	6 日
月极端最低气温	58317	岳西	19.5℃	2 日
最长连续降水日数	58426	太平	13 天	7—19 日
最长连续无降水日数	58424	安庆	11 天	12—22 日

2.7.2 主要气象灾害

(1)热带气旋

7月19日受第7号热带风暴"海鸥"外围云系影响,宁国11个乡镇出现暴雨和大暴雨,部分地区发生内涝和洪涝灾害。受灾2万人;农作物受灾面积710公顷;倒塌房屋34间,损坏房屋33间;冲毁农村公路6340米,冲毁河堤1120米,山体滑坡30多处;因灾直接经济损失890万元,其中农业经济损失430万元。

受第8号台风"凤凰"残留云系影响,7月28日起安徽省出现明显降水过程,部分地区出现暴雨、大暴雨。至月末,江淮之间东部、大别山区和江南南部等地强降水不断。(详细内容参见2.8和3.2相关章节)

(2)大风、冰雹和龙卷

7月1日14时30分—15时,濉溪3个乡镇遭受雷雨大风冰雹袭击,瞬时大风8~9级,冰雹持续5~6分钟。受灾3.5万人,死亡2人,受伤4人,其中重伤1人;刮断树木4.18万棵,损坏房屋577间,倒塌房屋80余间;直接经济损失720余万元,其中农业经济损失510余万元。同日23时40分,六安市金安区局部遭受大风、冰雹袭击,因灾损坏房屋160间,农作物受灾13公顷,直接经济损失55万元,其中农业经济损失19万元。

7月2日10时,无为县泥汊镇因大风灾害造成2人受伤,倒塌房屋9间,直接经济损失8万元。

7月4日15时左右,肥西县部分乡镇遭龙卷袭击,多条电网线路跳闸、倒杆、断线,数千户居民停电。16时和18时,灵璧县杨疃镇和虞姬乡先后遭受雷雨大风袭击,共损毁树木2000余株,因灾损毁房屋35间,直接经济损失120万元。18时左右,蚌埠市禹会区秦集镇遭受大风和雷雨袭击,受灾400人,农作物受灾面积10公顷,倒塌房屋45间,损坏房屋162间,直接经济损失240万元,其中农业经济损失30万元。

7月6日15时—16时30分,明光、肥西、六安和霍邱等地局部发生风雹灾害。受灾15422人,因灾死亡1人;农作物受灾面积937公顷,倒塌房屋24间,损坏房屋645间;因灾直接经济损失501万元,其中农业经济损失432万元。19时许,马鞍山雨山区出现局地龙卷风,瞬时极大风速达10级以上,持续时间约10分钟,造成1人轻伤,多间房屋损毁,部分高压线路受损。

7月7日23时10分左右,岳西部分乡镇出现大风,该县来榜镇三河村一棵200多年的大树被大风连根拔起。

7月8日,濉溪、定远、萧县、枞阳、利辛和颍上等地出现大风,最大利辛极大风速达25.1米/秒。受雷雨大风影响,颍上县100多亩*玉米受损;大风还导致淮北1人受伤,房屋损毁120间,农作物受灾面积9.9公顷,损毁树木736棵,直接经济损失130万元。

7月9日12时左右,巢湖部分乡镇遭受大风、冰雹袭击,受灾162人,受伤2人,倒塌房屋38间,损坏房屋91间,直接经济损失40万元。

7月23日13时许,颍上部分乡镇遭受龙卷风袭击,持续近20分钟。受灾7169人,受伤6人;农作物受灾面积433.8公顷;倒塌房屋208间,损坏房屋934间;折断树木10242棵,电线

---

* 1亩=1/15公顷,全书同

损毁 13856 米;直接经济损失达 800 万元,其中农业经济损失达 400 万元。

7 月 25 日 17 时—27 日 22 时,合肥、固镇、无为、含山、天长、桐城、潜山、肥东、六安等地局部发生大风灾害。受灾 7.64 万人,受伤 1 人;农作物受灾面积 0.226 万公顷;倒塌房屋 213 间,直接经济损失 1344 万元,其中农业经济损失 610 万元。

7 月 26 日,南陵县家发镇遭遇大风袭击,造成 3 家养鸡户 41 间鸡舍倒塌,2 万多只鸡苗被压死,所幸无人员伤亡。此次大风还使一座备用的 110 千伏的电线铁塔倒塌。

7 月 27 日 16 时,东至出现雷暴、大风和冰雹等强对流天气,冰雹最大直径达 8 毫米,瞬时风速达 20.5 米/秒,致使一超市仓库倒塌,损失约 200 万元,多人被吹碎的玻璃划伤,部分电线杆和树木损毁。

7 月 28 日 15 时—21 时 30 分,蒙城、颍上、怀远、寿县、裕安 5 个县(区)发生风雹灾害,受灾 4.6 万人,因灾死亡 1 人,伤病 3 人,农作物受灾面积 0.51 万公顷,倒塌民房 350 间,损坏房屋 637 间,因灾直接经济损失 4051 万元,其中农业经济损失 1678 万元。

(3)雷电

7 月 6 日 15—16 时,明光市 1 人遭雷击身亡。

7 月 10 日下午,当涂县大陇乡塘桥村南马村民组因雷击造成 1 死 2 伤。

7 月 11 日,旌德县孙村乡 2 人在家中遭雷击受伤。

7 月 12 日 16 时许,东至县官港镇郑元村榨畈组 10 户村民家遭受雷击,造成 4 人受伤。

7 月 15 日 17 时左右,埇桥区春望镇柳元村发生一起雷击事故,造成 1 死 1 伤。

7 月 22 日 16 时 10 分左右,泾县昌桥乡汪店村雷击造成 1 死 1 伤;同日 17 时,天长新街镇龙南村雷击造成 1 死 1 伤。

7 月 23 日 14 时 10 左右,寿县窑口乡粮台村庄西村一村民在放羊途中遭雷击身亡。

7 月 26 日 15 时 30 分至 16 时 30 分,天长市广宁村雷击造成 2 死 1 伤。

此外,6 月 22 日 10 时 02 分以及 7 月 10 日 12 时 58 分,青阳县皖江特种水产养殖有限公司丁桥朱家村养殖场先后两次遭雷击,电死乌鱼 9 万千克,损失近 200 万元。

(4)暴雨洪涝

7 月 9 日,江北大部地区出现大到暴雨,其中淮北、萧县和庐江出现暴雨。当天 5—7 时砀山部分乡镇遭受暴雨袭击,受灾 8 万人,受灾面积 0.44 万公顷,损坏房屋 126 间,直接经济损失 2160 万元,其中农业经济 2080 万元。

7 月 22—23 日,沿淮淮北普降大雨到暴雨,其中 22 日 12 个市县出现暴雨、大暴雨,最大砀山 157.1 毫米;23 日 11 个市县出现暴雨大暴雨,界首最大 143.4 毫米。强降水导致宿州、亳州、阜阳、蚌埠 4 个市的 9 个县(区)发生内涝。共计受灾 73.3 万人,农作物受灾面积 6.98 万公顷,倒塌民房 889 间,损坏房屋 1515 间,因灾直接经济损失 1.94 亿元,其中农业经济损失 1.91 亿元。砀山、萧县、谯城、界首、五河等县(区)受灾较重。

2.8　8 月主要气候特点及气象灾害

2.8.1　主要气候特点

8 月份全省平均气温 26.9℃,较常年同期偏低 0.3℃,为 2006 年以来同期最低值。月平均气温的空间分布为:淮北大部、沿淮东部和大别山区 24.8～26.5℃,其他地区 26.5～28.5℃。与常年同期相比,沿江西部及江南南部略偏高,其他大部地区接近常年或偏低(图2.8.1)。8 月上旬全省大部地区平均气温接近常年或偏低;中旬淮北北部和大别山区偏低0.5～1.0℃,沿江江南大部分地区偏高 0.5～1.0℃,其他地区接近常年;下旬全省大部地区偏低 0.5～1.0℃。

从月平均气温百分位数来看,月内各市县气温基本正常,无极端气候事件出现。月极端最低气温:沿淮淮北大部、江淮之间西部以及江南东南部 17.0～20.0℃,其他地区 20.0～22.4℃,主要出现在 23—24 日以及 29—31 日;月极端最高气温:合肥以北 33.1～36.0℃,合肥以南 36.0～38.8℃,主要出现在 12—13 日以及 21 日。8 月高温日数淮北、江淮之间大部不足 2 天,其他地区 2～11 天。与常年同期相比,除沿江西部和江南局部偏多外,其他大部地区偏少,其中淮北西部和沿江至江淮之间东部偏少 3～5 天。

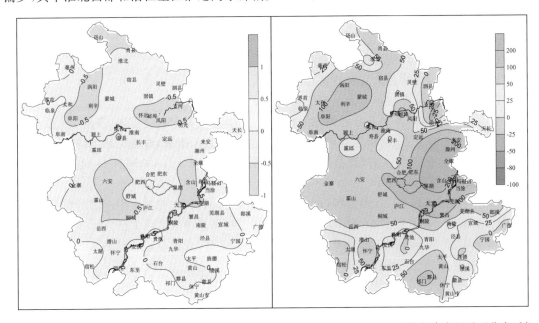

图 2.8.1　2008 年 8 月安徽省平均气温距平(℃)　　图 2.8.2　2008 年 8 月安徽省降水距平百分率(%)

8 月全省平均降水量为 225 毫米,较常年同期偏多 92 毫米,为 1988 年以来同期最多的一年。月降水量的空间分布为:江淮至沿江东部、大别山区 300～569 毫米,其他地区 99～300 毫米。与常年同期相比,全省绝大部分地区偏多,其中江淮之间东南部异常偏多 2 倍以上(图2.8.2)。月内主要降水过程出现在 1—3 日、13—17 日、20—24 日以及 28—30 日。

从月降水百分位数来看,全省有 20 个市县降水排在历史同期多雨年的前五位,达到极端降水事件标准,主要分布在江淮之间东南部、沿江东部和大别山区,其中滁州、全椒、巢湖、含山、和县以及马鞍山 6 个市县创有观测记录以来同期新高。

8 月份全省平均日照时数为 169 小时,较常年同期偏少 45 小时。月日照时数的空间分布为:江淮之间东南部、沿江东部 122～150 小时,其他绝大部分地区 150～214 小时。与常年同期相比,全省绝大部分地区日照时数偏少,其中江淮之间东部、沿江东部和西部以及大别山区偏少 60～92 小时。

表 2.8.1　2008 年 8 月安徽省气象台站极端气候值表

	站号	站名	数值	出现时间
最多降水日数	58426	太平	18 天	8 月
最多无降水日数	58016	萧县	24 天	8 月
最大日降水量	58330	含山	401.7 毫米	1 日
月极端最高气温	58530	歙县	38.8℃	21 日
月极端最低气温	58015	砀山	17.0℃	18 日
最长连续降水日数	58311	六安	7 天	11—17 日
最长连续无降水日数	58126	泗县	12 天	2—13 日
	58321	合肥	12 天	3—14 日

2.8.2　主要气象灾害

（1）热带气旋

受第 8 号台风"凤凰"残留云系影响,7 月 28 日—8 月 3 日江淮之间东部、大别山区和江南多个市县出现暴雨、大暴雨,其中江淮之间中东部的滁州(428.5 毫米)、全椒(423.4 毫米)、含山(410.0 毫米)、巢湖(254.0 毫米)4 个站最大 24 小时降水量突破历史极值,前 3 站排在安徽省历史上最大日降水量的第 3～5 位。此外,据高密度雨量站资料,滁州黄圩镇 8 月 1 日 08时—2 日 08 时 24 小时降水量达 465 毫米,超过全省 81 个台站最大降水记录。全省 10 个市41 个县(市、区)出现暴雨洪涝灾害,造成了较大的人员伤亡和经济财产损失,水利、电力和通讯等基础设施损毁严重。

（2）雷雨、大风

8 月 11 日 12 点 55 分—15 点 10 分,亳州市出现雷电并伴有降水,造成市区部分线路短时停电。

8 月 12 日 15 时前后,金寨、淮南出现大风灾害,金寨极大风速达 20.1 米/秒。大风导致淮南面粉厂仓库局部受损,仓库内进水;另一高 10 米左右的雪松被吹翻,无人员伤亡和其他损失。

8 月 14 日下午,宣城、宁国和芜湖县出现雷暴、大风天气,最大芜湖县极大风速达 19.3米/秒。

8 月 16 日 14 时 05—15 分,桐城双港镇遭受大风和暴雨袭击。受灾 9200 人,受伤 2 人,紧急转移 282 人;农作物受灾面积 408 公顷,成灾面积 283 公顷;倒塌民房 146 间,损坏房屋 155间;刮倒大树 2000 余棵,各种电线杆 32 根,2 个村供电中断;直接经济损失 190 万元,其中农业经济损失 84 万元。

8 月 20 日中午,固镇县遭雷雨大风袭击,风灾造成 2 人死亡。

8 月 22 日 13 时,旌德出现雷雨大风,最大风速达 19.1 米/秒。

（3）雷电

8 月 4 日 16 时 20 分左右,蒙城县许疃镇卢老荒村一男孩在大树下玩耍时遭雷击身亡。

8 月 5 日,合肥市潜山路与南二环交口处的新城国际工地上,1 人遭雷击身亡。

8 月 14 日 9 时许,蚌埠市固镇县王庄马铺村 1 人遭雷击死亡。

8月19日下午,绩溪县临溪镇煤炭山村1人遭雷击死亡。

(4)暴雨洪涝

8月14日,蚌埠发生强降水,有10个乡镇出现暴雨,其中最大降水量磨盘张115.1毫米。

8月15—17日,六安和阜阳地区出现暴雨天气过程,其中17日有11个市县出现暴雨。强降水形成山洪灾害和低洼地内涝灾害。受灾41.93万人,紧急转移安置1283人,因灾死亡1人(金寨),农作物受灾面积2.166万公顷,倒塌房屋1260间,损坏房屋1429间,直接经济损失1.08亿元,其中农业经济损失8728万元。

8月20日08时—21日09时,涡阳、蒙城部分乡镇发生强降水。两县玉米、大豆等农作物因内涝受灾。受灾8.97万人,农作物受灾面积0.92万公顷,倒塌居民住房197间,损坏住房204间,直接经济损失754万元,其中农业经济损失632万元。

8月28—30日,淮河以南地区出现一次明显降水过程,其中29日有16个市县出现暴雨、大暴雨,岳西最大125.2毫米。过程降水中心主要出现在大别山区,有84个乡镇超过100毫米,最大金寨天堂景区224毫米。由于降水强度大,部分地区出现短时内涝。桐城市青草镇受灾最为严重,受灾5.20万人,农作物受灾2466公顷,毁坏耕地面积67公顷,倒塌房屋61间,直接经济损失317万元。

此外,7月31日08时—8月1日08时,安庆地区普降大到暴雨,有17个乡镇出现100毫米以上降水。强降水导致潜山县发生山体滑坡,造成2人死亡。

2.9　9月主要气候特点及气象灾害

2.9.1　主要气候特点

9月份全省平均气温为23.9℃,较常年同期显著偏高1.4℃,为2006年以来同期最高值。月平均气温的空间分布为:合肥以北20.7~24.0℃,合肥以南大部24.0~25.8℃。与常年同期相比,淮北北部气温基本正常,其他大部地区偏高,其中沿江江南大部异常偏高2.0℃以上(图2.9.1)。9月上旬本省山区平均气温偏低0.5~1.0℃,其他大部地区接近常年同期;中旬全省气温均异常偏高,其中淮河以南大部地区异常偏高2.0~3.0℃,江南异常偏高3.0~4.0℃;下旬淮北偏低0.5~1.5℃不等,淮河以南偏高,其中合肥以南大部异常偏高2.0~4.5℃。

从月平均气温百分位数来看,全省有29个市县月平均气温排在历史同期高温年的前五位,主要分布在沿江西部及江南,其中东至气温创有气象观测记录以来同期新高,达到极端气候事件标准。月极端最低气温:淮河以南大部14.3~18.1℃,其他地区10.6~14.3℃,主要出现在26—28日以及30日;月极端最高气温:沿淮淮北大部、江淮之间东部以及沿江江南东部30.1~35.0℃,其他绝大部分地区35.0~37.5℃,主要出现在22日。9月淮北地区未出现高温天气,淮河以南出现了1~7天不等的高温天气。

9月份全省平均降水量为34毫米,较常年同期偏少54毫米,也是2002年以来同期最少的一年。月降水量的空间分布为:沿淮东部局部、江淮西南部及沿江江南东部50~111毫米,其他地区2~50毫米。与常年同期相比,沿淮东部局部、江淮西南部及沿江江南东部降水接近常年,其他大部地区降水偏少,其中沿淮西部、江淮之间西北部以及沿江西部异常偏少8成以上(图2.9.2)。

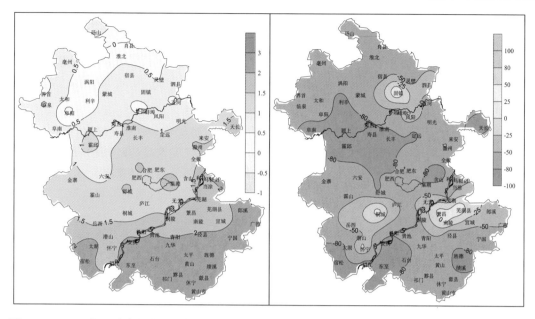

图 2.9.1　2008 年 9 月安徽省平均气温距平（℃）　　　图 2.9.2　2008 年 9 月安徽省降水距平百分率（％）

从月降水百分位数来看，全省有 26 个市县降水排在历史同期少雨年的前五位，达到极端降水事件标准，主要分布在沿淮西部、沿江西部和江南南部。

9 月份全省平均日照时数为 134 小时，较常年同期偏少 38 小时，为 1993 年以来同期最少的一年。月日照时数的空间分布为：沿江江南西部、江南南部 150～196 小时，其他地区 67～150 小时。与常年同期相比，除江南西部和南部偏多 8～31 小时外，其他地区偏少 10～88 小时。

表 2.9.1　2008 年 9 月安徽省气象台站极端气候值表

	站号	站名	数值	出现时间
最多降水日数	58015	砀山	12 天	9 月
最多无降水日数	58323	肥东	27 天	9 月
	58326	巢湖		
	58330	含山		
	58417	宿松		
	58418	望江		
	58427	池州		
最大日降水量	58338	芜湖县	103.8 毫米	5 日
月极端最高气温	58428	石台	37.5℃	22 日
月极端最低气温	58015	砀山	10.6℃	28 日
最长连续降水日数	58015	砀山	8 天	22—29 日
最长连续无降水日数	58418	望江	21 天	6—26 日

2.9.2　主要气象灾害

（1）暴雨洪涝

9 月 3—5 日，淮河以南有一次明显的降水过程，其中 5 日繁昌、南陵、芜湖县、宣城和郎溪出现暴雨和大暴雨,最大芜湖县 103.8 毫米。连日的阴雨天气导致皖南南部、沿江江南东部以及江北局部土壤过湿,不利于棉花的正常吐絮以及双晚稻的抽穗。

9月22—26日,全省出现一次明显的降温、降水过程,其中23日沿淮淮北东部出现雷阵雨天气,凤阳和固镇出现暴雨。

(2)干旱

月内,特别是中下旬全省大部分地区气温偏高,期间虽出现几次过程性降水,但仅皖西、淮北和皖东地区有明显降水,其他大部分地区降水显著偏少。气温偏高,降水偏少的天气条件加快了农田土壤水分蒸发过程,至中旬末沿江西部与沿淮西部部分地区旱象露头,进入下旬后沿江西部旱情持续发展,并有向江淮西南延伸趋势,影响在地作物的后期生长和秋种工作的正常开展。

2.10 10月主要气候特点及气象灾害

2.10.1 主要气候特点

10月份全省平均气温18.5℃,较常年同期异常偏高1.6℃,仅次于2006年和1998年,与1977年并列为1961年以来同期偏高年的第三位。月平均气温的空间分布为:淮北大部和大别山区15.7～18.0℃,其他地区18.0～20.0℃。与常年同期相比,全省绝大部分地区气温偏高1.0℃以上,其中江南东部偏高2.0～2.4℃不等(图2.10.1)。10月上旬全省大部地区平均气温接近常年或偏高,其中沿淮地区偏高1.0～1.5℃不等;中旬合肥以北偏高2.0～4.0℃,合肥以南偏高1.5～3.0℃;下旬沿淮淮北和大别山区偏高0.5～1.5℃,其他大部地区偏高1.5～2.5℃。

从月平均气温百分位数来看,全省有59个市县气温排在历史同期偏高年的前五位,达到极端气候事件标准。月极端最低气温:淮北和大别山区4.3～7.0℃,其他地区7.0～13.1℃,主要出现在24日、28日以及30日。月极端最高气温:江南大部30.0～32.4℃,其他地区27.3～30.0℃,主要出现在14—15日以及18—21日。按照日平均气温连续5天稳定低于22℃即进入秋季的气候标准,合肥以北大部9月23—25日进入秋季,接近常年同期;合肥以南大部10月22—23日进入秋季,较常年偏晚22～28天不等。

10月全省平均降水量为61毫米,较常年同期偏少10毫米,为2004年以来同期连续第5年偏少。月降水量的空间分布为:淮北东部和合肥以南50～109毫米,泗县158毫米,其他地区不足50毫米。与常年同期相比,合肥以南大部、大别山区以及淮北东部和西部降水接近常年或偏多,其中泗县异常偏多2倍;其他地区降水偏少,其中淮北北部和中西部局部、江淮之间东北部显著偏少5～8成(图2.10.2)。月内3—4日淮河以南有一次较明显的降水过程,21—22日、27日夜里—31日全省分别有一次降水过程。

从月降水百分位数来看,泗县降水之多创有观测记录以来同期新高,达到极端气候事件标准,其他地区降水基本正常。

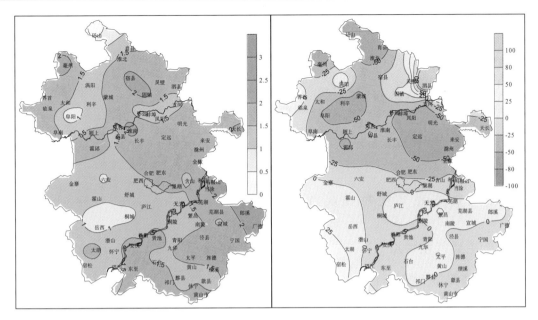

图 2.10.1　2008 年 10 月安徽省平均气温距平(℃)　图 2.10.2　2008 年 10 月安徽省降水距平百分率(%)

10 月份全省平均日照时数为 124 小时,较常年同期偏少 46 小时,为 2001 年以来同期最少的一年。月日照时数的空间分布为:淮北北部 150～178 小时,其他地区 82～150 小时。与常年同期相比,全省大部地区日照时数偏少 30～90 小时不等。

表 2.10.1　2008 年 10 月安徽省气象台站极端气候值表

	站号	站名	数值	出现时间
最多降水日数	58317	岳西	15 天	10 月
	58327	庐江		
	58337	繁昌		
	58338	芜县		
最多无降水日数	58015	砀山	26 天	10 月
	58016	萧县		
	58102	亳州		
	58114	涡阳		
	58126	泗县		
最大日降水量	58126	泗县	145.1 毫米	21 日
月极端最高气温	58441	广德	32.4℃	21 日
月极端最低气温	58015	砀山	4.3℃	24 日
最长连续降水日数	58125	灵璧	5 天	19—23 日
最长连续无降水日数	58114	涡阳	20 天	1—20 日
	58126	泗县		

2.10.2　主要气象灾害

(1)雾霾

10 月 10 日早晨,安徽省大部分地区出现不同程度的雾霾天气,其中阜阳、合肥、沿淮和沿江部分地区大雾,对交通造成了一定的影响。

10月17—20日早晨安徽省部分地区出现雾霾天气。

10月21、24、27—29日早晨江南部分地区出现雾霾天气。

10月29日20时—30日09时江北大部分地区和江南局部地区共56个市县出现了大雾天气；31日，大雾蔓延至全省大部地区。大雾对交通运输造成了一定的不利影响。

（2）暴雨

10月21—23日，全省有一次明显的雷阵雨天气过程。其中21日固镇、涡阳出现暴雨，泗县出现145.1毫米的大暴雨；22日江淮南部和江南中到大雨。

2.11　11月主要气候特点及气象灾害

2.11.1　主要气候特点

11月全省平均气温为11.0℃，较常年同期偏高0.6℃，为2001年以来连续第8年偏高。月平均气温的空间分布为：沿淮淮北、大别山区和江南中东部8.0～11.0℃，其他地区11.0～12.8℃。与常年同期相比，除大别山区和皖南山区略偏低外，其他地区气温接近常年或偏高，其中淮北中部和西部、沿淮中西部显著偏高1.0℃以上（图2.11.1）。11月上旬全省大部分地区偏高1.0～2.0℃不等；中旬淮北北部和本省山区偏低1.0℃，其他大部地区接近常年；下旬淮北中西部和沿江西部偏高0.5～1.0℃，其他地区接近常年同期或偏高。

从月平均气温百分位数来看，亳州气温排在历史同期偏高年的前五位，达到极端气候事件标准。月极端最低气温：除沿淮中部和沿江西部0～3.2℃外，其他地区均低于0℃，为−4.6～0℃，主要出现在19日以及28日；月极端最高气温：淮北北部和江南东部21.9～24.0℃，其他大部地区24.0～26.6℃，主要出现在3—5日。

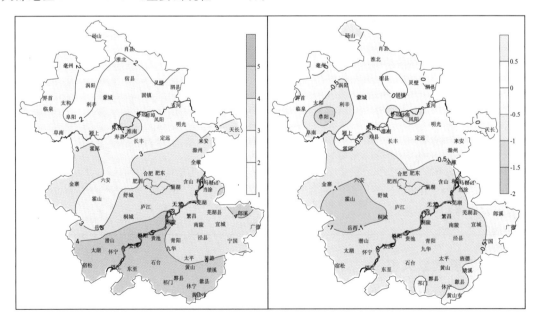

图2.11.1　2008年11月安徽省平均气温距平（℃）　图2.11.2　2008年11月安徽省降水距平百分率（%）

11月份全省平均降水量为53毫米,较常年同期略偏多3毫米。月降水量的空间分布为:合肥以北不足25毫米,沿江西部和江南大部80～164毫米,其他地区50～80毫米。与常年同期相比,沿江西部、江南大部异常偏多1倍以上;其他大部地区接近常年或偏少,其中沿淮西部异常偏少8成以上(图2.11.2)。月内6—7日全省有一次强降水过程,其余大部分时间以晴到多云天气为主。

从月降水百分位数来看,绩溪、歙县、屯溪、旌德和休宁等皖南山区5个市县降水排在历史同期多雨年的前五位,达到极端气候事件标准,其他地区无极端降水事件出现。

11月份全省平均日照时数为150小时,较常年同期略偏少5小时。月日照时数的空间分布为:江南大部分地区119～140小时,其他地区140～184小时。与常年同期相比,沿淮中西部和江淮之间西北部偏多,其他大部地区日照时数偏少,其中淮北西北部、江淮之间东部和江南大部偏少10～33小时不等。

表 2.11.1　2008 年 11 月安徽省气象台站极端气候值表

	站号	站名	数值	出现时间
最多降水日数	58426	太平	13 天	11 月
	58523	黟县		
最多无降水日数	58102	亳州	28 天	11 月
最大日降水量	58418	望江	89.1 毫米	6 日
月极端最高气温	58435	旌德	26.6℃	4 日
月极端最低气温	58314	霍山	—4.6℃	28 日
最长连续降水日数	58418	望江	8 天	1—8 日
	58426	太平		
	58441	广德		
	58523	黟县		
最长连续无降水日数	58102	亳州	15 天	16—30 日
	58113	濉溪	15 天	8—22 日

2.11.2　主要气象灾害

(1)大雾

11月4日早晨,合肥骆岗机场出现大雾天气,低能见度导致合肥骆岗机场16个出港航班延误,约1000多名旅客行程受到影响。大雾还造成合肥周边多条高速公路阶段性封闭。

11月14日早晨,天长境内出现能见度不足50米的大雾。受大雾影响,宁连高速江苏段南京六合高速大队封路,大量由北向南过境车辆在天长段滞留。8时30分—9时10分,在距离苏皖交界处约200米的宁连高速公路71千米附近,发生12起交通事故,其中特大交通事故1起、重大交通事故2起,死亡5人,伤14人。

11月24—25日,合肥以北大部分地区和沿江西部出现大雾天气,部分地区能见度不足200米。受大雾影响,合肥骆岗机场24日上午飞往黄山、北京、长沙等地的多个航班被延误。合徐高速淮北、宿州两道口及南洛高速阜阳、亳州、明光西3处道口也临时关闭。

(2)初霜冻

受地面冷高压控制,10日早晨地面降温明显,沿淮淮北和江淮东部16个市县出现初霜或霜冻,11日霜冻区扩大至全省44个市县。

（3）寒潮

11月17—18日受强冷空气南下影响，安徽省出现寒潮天气。全省最低气温普降8～10℃。

11月26—27日，受较强冷空气影响，安徽省出现明显大风降温过程。全省平均风力5级左右，大部分地区出现7级以上阵风，其中阜阳、桐城、宁国出现8级西北大风；最低气温普降5～8℃，28日早晨安徽省山区最低气温达−4.6～−2.0℃，其他大部地区0℃左右。

2.12　12月主要气候特点及气象灾害

2.12.1　主要气候特点

12月全省平均气温为5.4℃，较常年同期偏高0.8℃。月平均气温的空间分布为：沿淮淮北大部1.9～5.0℃，沿江地区以及金寨和六安一带6.0～7.3℃，其他地区5.0～6.0℃。与常年同期相比，江南中西部、岳西和桐城一带接近常年，其他大部地区气温偏高，其中淮北西部、沿淮中西部、大别山区北部以及江淮至沿江东部显著偏高1.0℃以上（图2.12.1）。12月上旬江南南部平均气温偏低0.5～1.5℃，其他大部分地区偏高1.0～3.0℃；中旬全省偏高1.0～3.5℃；下旬全省偏低，其中合肥以北地区偏低1.5～2.5℃不等。

从月平均气温百分位数来看，太和、颍上、临泉、金寨、淮南、阜南和霍邱7个市县气温排在历史同期偏高年的前五位，达到极端气候事件标准，其他地区气温基本正常。月极端最低气温：沿淮淮北、江淮之间东部−13.1～−8.0℃，其他地区−8.0～−4.0℃，主要出现在6日和22日；月极端最高气温：沿淮淮北西部、江淮之间东部以及沿江江南大部21.0～25.9℃，其他地区17.1～21.0℃，主要出现在9—10日。按照日平均气温连续5天稳定低于10℃即进入冬季的气候标准，淮北西部、大别山区和沿江大部12月4—12日入冬，较常年偏晚5～15天；其他地区大部地区11月17—19日入冬，较常年提早5～15天。

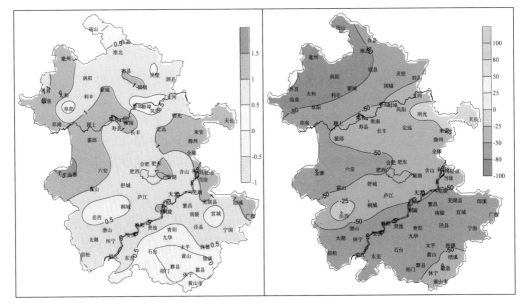

图2.12.1　2008年12月安徽省平均气温距平（℃）　　图2.12.2　2008年12月安徽省降水距平百分率（%）

　　12 月份全省平均降水量为 12 毫米,较常年同期偏少 15 毫米,也是 2000 年以来同期最少的一年。月降水量的空间分布为:沿淮淮北大部、金寨和六安一带不足 10 毫米,淮河以南大部 10～30 毫米。与常年同期相比,全省绝大部分地区偏少,其中淮北西北部异常偏少 8 成以上(图 2.12.2)。月内降水日数较少,仅 27—29 日全省有一次较明显的降水过程。

　　从月降水百分位数来看,界首无降水出现(该站建站以来 1967、1973、1980、1982、1983、1987、1999 年同期也无降水出现),其他各市县降水基本正常,无极端降水事件出现。

　　12 月份全省平均日照时数为 158 小时,较常年同期略偏多 8 小时。月日照时数的空间分布为:合肥以北大部 160～197 小时,合肥以南 127～160 小时。与常年同期相比,江淮之间西南部和沿江江南大部基本正常,其他大部地区日照时数偏多,其中沿淮淮北大部地区偏多 20～44 小时不等。

表 2.12.1　2008 年 12 月安徽省气象台站极端气候值表

	站号	站名	数值	出现时间
最多降水日数	58419	东至	8 天	12 月
	58428	石台		
	58523	黟县		
	58534	休宁		
最多无降水日数	58108	界首	31 天	12 月
最大日降水量	58317	岳西	29.4 毫米	28 日
月极端最高气温	58314	霍山	25.9℃	10 日
月极端最低气温	58015	砀山	—13.1℃	22 日
最长连续降水日数	58421	青阳	4 天	27—30 日
	58426	太平		
	58441	广德		
	58432	泾县		
	58523	黟县		
	58520	祁门		
	58534	休宁		
最长连续无降水日数	58108	界首	31 天	1—31 日

2.12.2　主要气象灾害

(1)干旱

　　自 11 月份以来,安徽省沿淮淮北、江淮丘陵区降水异常偏少,部分站点近两个月无有效降雨,加之气温偏高,土壤墒情迅速下降,在地作物出现不同程度的旱情。安徽省江淮中部至淮北大部地区普遍出现轻旱,沿淮淮北由东向西旱情加重,旱情最重的地区位于阜阳和亳州市的部分区域。据统计,阜阳市截至 12 月 19 日在地作物受旱面积 25.76 万公顷;亳州市截至 12 月 29 日受灾 331.46 万人,农作物受灾面积 29.54 万公顷,成灾面积 9.97 万公顷,绝收面积 0.68 万公顷,造成农业直接经济损失 2.44 亿元。

(2)寒潮

　　12 月 3 日夜里至 4 日,受强冷空气南下影响,安徽省出现寒潮天气,部分地区伴有弱降水;

至 4 日江北大部分地区出现 6 级左右的阵风,其中桐城出现 8 级以上偏北大风,同时气温持续下降,江北 3—5 日、沿江江南 4—6 日 48 小时平均气温分别下降 9~11℃、7~9℃,6 日早晨全省大部分地区最低气温达－7~－5℃。

12 月 21—23 日,受强冷空气影响,安徽省再次出现寒潮天气,大部分地区伴有弱雨雪,21日沿江江北大部分地区出现 7 级以上阵风,其中砀山、萧县、濉溪、亳州、涡阳、利辛、望江、宁国出现 8 级以上偏北大风。同时气温急剧下降,20—22 日 48 小时全省平均气温下降 10~12℃;22 日早晨最低气温沿淮淮北普遍达－12~－10℃,其他地区－7~－5℃。此次寒潮过程在带来大风降温天气的同时,对在地农作物的生长也产生了一定的影响,其中亳州市约 30.27 万公顷小麦受到了不同程度的冻害,另有 500 公顷小麦因干冻而死亡。

第三章　气象灾害分述

3.1　低温雨雪冰冻

3.1.1　基本概况

2008 年年初,全省出现 1949 年以来罕见低温雨雪冰冻灾害,全省各地均有不同程度的雪灾发生,雪灾受灾程度较重的地区分布在江淮之间南部至沿江江南的安庆、巢湖、六安、宣城、滁州、黄山和池州等地(见表 3.1.1)。上述地区农作物受灾面积、受灾人口和直接经济损失分别占全省的 85.68%、89.59% 和 83.54%。

表 3.1.1　2008 年安徽省雪灾统计表

	受灾面积（万公顷）	绝收面积（万公顷）	受灾人口（万人）	因灾死亡人口（人）	倒塌房屋（万间）	损坏房屋（万间）	直接经济损失（亿元）	农业经济损失（亿元）
合肥	4.347	0.088	15.75	2	1.38	1.40	5.80	3.11
芜湖	2.898	0.494	28.86	1	0.58	0.77	9.62	3.40
蚌埠	0.372	0.038	16.78	0	0.23	0.95	0.86	0.52
淮南	0.202	0.144	5.79	0	0.20	0.65	0.44	0.32
马鞍山	0.087	0.00	1.49	2	0.63	0.09	1.11	0.45
淮北	0.005	0.003	0.38	0	0.03	0.15	0.04	0.02
铜陵	1.007	0.017	24.97	0	0.27	0.33	2.39	0.87
安庆	15.426	1.767	341.03	0	2.42	5.93	18.40	7.72
黄山	6.015	0.716	107.81	0	0.32	1.49	13.55	7.87
滁州	7.425	0.339	117.13	2	0.77	1.36	6.06	2.28
阜阳	1.269	0.352	28.36	1	0.41	0.62	0.78	0.47
宿州	0.995	0.00	17.02	0	0.06	0.29	0.96	0.90
巢湖	12.135	1.081	207.74	4	1.61	1.64	13.49	4.73
六安	13.812	1.506	174.00	1	1.56	3.47	23.79	11.73
亳州	0.217	0.00	2.14	0	0.05	0.32	0.15	0.13
池州	6.419	1.189	100.30	0	1.46	1.82	9.20	3.95
宣城	6.953	0.146	169.64	0	0.73	2.50	27.87	10.88
总计	79.584	7.879	1359.19	13	12.70	23.79	134.49	59.34

2008 年,全省因雪灾造成的农作物受灾面积 79.584 万公顷,是多年平均值(7.425 万公顷)的近 11 倍,也是有灾情记录以来最多的一年;农作物绝收面积 19.487 万公顷,是多年平均值(1996—2007 年平均值,为 0.632 万公顷,下同)的 12.5 倍;受灾 1359.19 万人次,是多年平均值(83.47 万人次)的 16.3 倍;倒塌房屋 12.70 万间,为多年平均值(1308 间)的 97 倍;因灾直接经济损失 134.49 亿元,是多年平均值(2.09 亿元)的 64.3 倍。此外,雪灾还造成 13 人死亡。总体来看,1996—2008 年的 13 年雪灾中,以 2008 年雪灾最为严重(图 3.1.1)。历史灾情分析表明,这也是 1949 年以来安徽省最严重的一次雪灾。

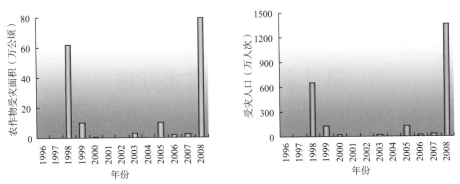

图 3.1.1　安徽省 1996—2008 年雪灾造成的农作物受灾面积(左)和受灾人口(右)

3.1.2　低温雨雪冰冻气候特征分析

(1)低温特点

1 月 10 日—2 月 6 日,安徽省连续发生 5 次全省性降雪(10—16 日、18—22 日、25—29 日、2 月 1—2 日以及 2 月 4—6 日),持续的低温雨雪冰冻天气造成大面积的雪灾。

从最大降温幅度看:1 月 10 日至 2 月 6 日,安徽省连续发生 5 次全省性降雪,降温幅度较大,其中 1 月 10—16 日降温最为明显,全省平均气温下降达 9.3℃左右。

从气温距平看:1 月 10 日至 2 月 6 日全省日平均气温、平均最高气温和平均最低气温分别为－0.5℃,1.9℃和－2.4℃,分别较常年同期偏低－2.7℃、－4.9℃和－1.3℃。其中平均最高气温为 1951 年以来同期最低值,日平均气温为 1951 年以来同期次低值,仅次于 1977 年。

从极端最低气温看:1 月 10 日至 2 月 6 日全省极端最低气温低于－11℃有 7 个市县,分别为肥东(2 月 3 日－13.0℃)、肥西(2 月 3 日－12.3℃)、砀山(1 月 29 日－12.2℃)、阜阳(1 月 31 日－11.7℃)、界首(1 月 31 日－11.2℃)、合肥(2 月 3 日－11.2℃),均高于历史上的大雪年 1954 年(宿州－23.2℃)和 1984 年(肥西－16.0℃)。与历史相比,2008 年冬季安徽省极端最低气温并不是最低,但在近年中是罕见的。

从低温日数来看:1 月 10—16 日这次过程造成大幅度降温后,安徽省日平均气温长时间维持在 0℃以下。图 3.1.2 是全省冬季平均低温日数(指日平均气温小于 0℃的天数)变化曲线。显然,20 世纪 60 年代以来低温日数呈明显下降趋势,尤其是 80 年代后期以后低温日数明显偏少,只有 2005 年和 2008 年明显偏多,其中 2008 年全省低温日数达 20 天,为近 20 年来的最多。

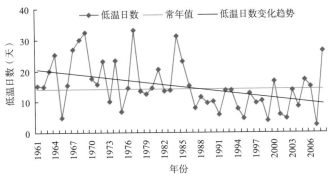

图 3.1.2　1961－2008 年全省冬季平均低温日数变化图

（2）雪情特点

1月29日08时全省积雪最深时,有25个市县的积雪深度超过30厘米,8个市县超过40厘米,分别是:金寨(54厘米)、霍山(50厘米)、滁州(47厘米)、舒城(45厘米)、合肥(44厘米)、巢湖(44厘米)、和县(41厘米)、马鞍山(41厘米),最大金寨54厘米。从全国的积雪深度分布可以看出,自1月25日第三次降雪过程以后,全国积雪深度高值中心持续位于安徽省大别山区和江淮之间(图3.1.3)。

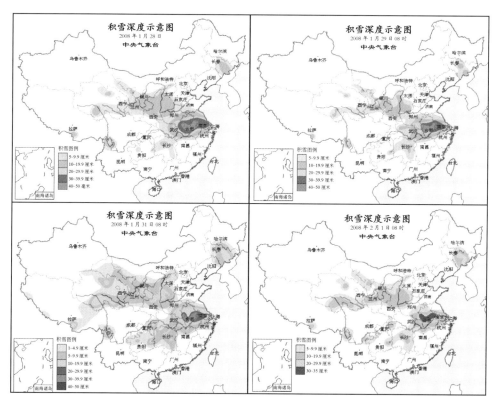

图3.1.3　2008年全国积雪深度分布图

此外,大别山区和江南出现大范围的冻雨天气,电线结冰直径普遍在10毫米左右,最大黄山光明顶为61毫米。

1月28日气象测报人员观测积雪深度

2月份岳西县主薄镇出现冰雨

1月29日08时起,全省雨雪减弱南压,江北大部分地区天气转好,由于气温相对较高,全省有57个市县的积雪深度减小了1～28厘米。2月1—2日安徽省又出现第四次降雪过程,沿江江南有部分市县积雪深度有所增加。2月3日天气转晴,最高气温有所回升,积雪逐渐融化(图3.1.4)。截至2月4日08时,原先积雪深度较大的金寨、霍山、滁州、舒城、合肥和巢湖,积雪深度分别降至23厘米、27厘米、14厘米、32厘米、19厘米和23厘米,九华山积雪深度为42厘米,为全省最大值。2月4—6日沿江江南再次出现一次降雪过程。

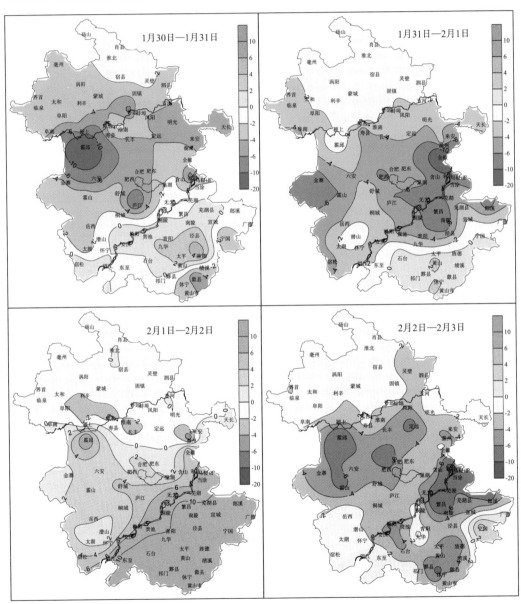

图3.1.4　2008年1月30—31日、1月31日—2月1日、2月1—2日
以及2月2—3日安徽省24小时积雪深度变化幅度(厘米)

(3)与历史雪灾的比较

从雨雪的持续时间看:2008年1月10日至2月6日安徽省连续出现降雪过程,持续时间达28天,超过1954年(24天)、1964年(20天)和1969年(25天),为历史上降雪持续时间最长的一年(表3.1.2)。

表3.1.2　历史上典型大雪年降雪日数(天)

区域	站名	1954	1964	1969	1977	1984	1991	1998
沿淮	亳州	24	22	29	11	10	12	6
淮北	宿州	22	21	27	14	9	10	6
	阜阳	23	23	27	14	11	9	5
	蚌埠	22	20	28	15	14	9	5
江淮之间及	滁州	23	22	24	19	14	7	5
大别山区	霍山	26	25	27	23	16	9	9
	合肥	25	19	22	18	15	7	5
沿江江南	芜湖	26	14	22	24	18	9	5
	安庆	24	21	21	24	21	9	6
	黄山市	21	17	21	25	29	7	5
	平均值	23.6	20.4	24.8	18.7	15.7	8.8	5.7

从积雪持续时间看,1954年和1969年安徽省长江以北地区的积雪日数大体相当,大致为29~44天,10个站的平均积雪日数分别为29天和30天,为所选取的7个典型大雪年中最多的两年,而2008年江淮之间及大别山区站的积雪日数较长,10个站平均积雪日数为25天,接近历史极值(表3.1.3)。

表3.1.3　历史上典型大雪年积雪日数(天)

区域	站名	1954	1964	1969	1977	1984	1991	1998	2008
沿淮	亳州	44	29	41	0	13	19	9	20
淮北	宿州	30	28	39	4	10	20	10	18
	阜阳	36	26	36	9	11	17	9	27
	蚌埠	29	23	33	10	13	16	12	26
江淮之间及	滁州	30	12	29	24	26	8	10	25
大别山区	霍山	33	18	32	31	30	9	8	31
	合肥	36	15	29	22	29	9	9	30
沿江江南	芜湖	23	13	24	22	29	9	4	26
	安庆	21	14	22	27	18	8	3	27
	黄山市	4	11	12	24	19	8	6	19
	平均值	28.6	18.9	29.7	17.3	19.8	12.3	8	24.9

从大范围积雪深度看:2008年江淮之间绝大部分地区积雪深度超过25厘米,其中大别山区和江淮之间中部的积雪深度普遍在35~50厘米,接近1954年(淮河流域和江淮之间30~60厘米)。而大别山区受地形影响,很多乡镇的雪深大于台站观测值,例如岳西县气象局的工作人员到乡镇实地调查灾情,实测雪深表明,该县北部山区迎风坡的积雪深度普遍在50~80厘米之间,石关八里岗105国道路边(海拔近900米)积雪深度竟达93厘米。从1984年和2008年两年的积雪深度比较来看,2008年和1984年积雪较深的区域都出现在大别山区和江淮之间中部地区,但2008年积雪深度大于35厘米的范围超过1984年(图3.1.5和图3.1.6)。合肥2008年最大积雪深度达到44厘米,接近1954年(45厘米),与1984年(44厘米)持平。

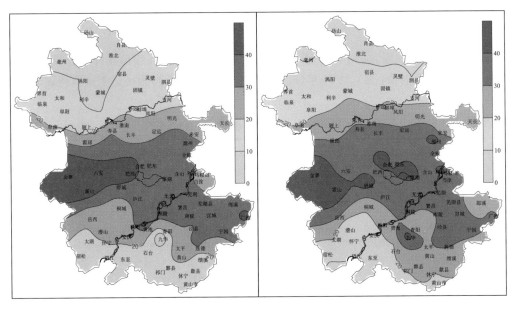

图 3.1.5　1984 年安徽省最大积雪深度（厘米）　　图 3.1.6　2008 年安徽省最大积雪深度（厘米）

　　积雪面积选取 1984 年作为典型年。从 1984 年和 2008 年各个量级的积雪面积比较来看，2008 年积雪面积大于 20 厘米、大于 30 厘米、大于 35 厘米均超过了 1984 年，大于 40 厘米的面积与 1984 年相当（表 3.1.4），积雪面积总的来看，超过 1984 年。

表 3.1.4　1984 年和 2008 年各个量级积雪面积比较（万平方千米）

	<20 厘米	>20 厘米	>30 厘米	>35 厘米	>40 厘米
1984	5.73	8.17	5.15	2.98	1.25
2008	4.64	9.26	5.47	3.23	1.23

　　从冰冻日数看：2008 年冬季冰冻日数（指日平均气温小于 1.0℃ 且当日出现降水的日数）超过 18 天的市县主要在大别山区和江南中部地区，其中旌德冰冻日数最多为 22 天，其次为岳西 21 天，最少的为 8 天，分别为萧县、淮北、泗县以及固镇。2008 年冰冻日数仅次于 1969 年和 1954 年（表 3.1.5）。

表 3.1.5　历史上典型大雪年冬季冰冻日数（天）

区域	站名	1954	1964	1969	1977	1984	1991	1998	2008
沿淮	亳州	21	15	27	9	8	9	4	11
淮北	宿州	18	15	25	11	6	9	4	10
	阜阳	19	16	27	12	9	7	4	11
	蚌埠	17	15	24	11	12	6	4	13
江淮之间及	滁州	20	12	20	15	12	4	5	15
大别山区	霍山	21	17	24	17	15	5	4	19
	合肥	21	14	18	11	14	5	4	18
沿江江南	芜湖	15	13	17	17	16	5	4	16
	安庆	15	14	19	16	17	5	4	16
	黄山市	10	9	9	18	18	3	2	10
	平均值	17.7	14	21	13.7	12.7	5.8	3.9	13.9

　　长时间低温、雨雪、冰冻灾害天气给安徽省交通、电力、通信、人民生活等方面造成严重不

利影响,综合来看是 1949 年以来持续时间最长、积雪最深、范围最广、灾情最重的一次雪灾,为 50 年一遇。

1月17日积雪压塌大别山区腹地宜华输电线路 　　1月30日安徽省气象局开展雪灾应急气象服务

3.2　热带气旋

3.2.1　基本概况

2008 年,先后有 3 个热带气旋影响安徽省,其中以"凤凰"台风造成的影响最为严重。总体来看,年内热带气旋对滁州、巢湖和安庆等地造成的危害相对较重(表 3.2.1)。

表 3.2.1　2008 年安徽省热带气旋灾情统计表

	受灾面积 (万公顷)	绝收面积 (万公顷)	受灾人口 (万人)	因灾死亡 人口(人)	倒塌房屋 (间)	损坏房屋 (间)	直接经济 损失(亿元)	农业经济 损失(亿元)
合肥	0.004	0.001	0.06	0	128	40	0.01	0.00
芜湖	0.618	0.00	11.04	0	61	98	0.23	0.22
蚌埠	0.967	0.105	18.29	1	1452	5158	1.21	1.09
淮南	0.00	0.00	0.04	0	0	38	0.01	0.00
马鞍山	0.052	0.00	0.49	0	9	8	0.02	0.02
淮北	0.00	0.00	0.00	0	0	0	0.00	0.00
铜陵	0.011	0.00	3.06	0	37	48	0.01	0.01
安庆	1.531	0.044	25.97	2	1414	1971	0.51	0.26
黄山	0.00	0.00	0.00	0	0	0	0.00	0.00
滁州	10.585	4.325	89.16	9	8317	37520	30.49	10.49
阜阳	0.00	0.00	0.00	0	0	0	0.00	0.00
宿州	0.00	0.00	0.00	0	0	0	0.00	0.00
巢湖	7.896	2.037	102.81	0	2246	5993	9.10	6.03
六安	0.005	0.001	0.51	0	209	128	0.09	0.07
亳州	0.00	0.00	0.00	0	0	0	0.00	0.00
池州	0.080	0.002	11.50	0	0	0	0.09	0.07
宣城	0.169	0.018	6.09	1	91	538	0.21	0.11
总计	21.918	6.532	269.03	13	13964	51540	41.89	18.31

　　2008年,热带气旋造成全省农作物受灾面积21.918万公顷,是多年平均值(6.167万公顷)的3.6倍,仅次于2005年,为1996年以来第二多年;农作物绝收面积6.532万公顷,是多年平均值(1996—2007年平均值,为1.253万公顷,下同)的5.2倍;受灾269.03万人次,是多年平均值(93.09万人次)的近3倍(图3.2.1);因灾直接经济损失41.89亿元,为常年(7.99亿元)的5.2倍。此外,热带气旋还造成13人死亡。

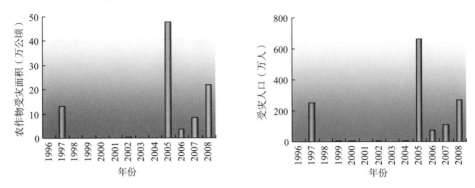

图3.2.1　安徽省1996—2008年热带气旋造成的农作物受灾面积(左)和受灾人口(右)

　　从近13年热带气旋灾害受灾程度看,2005年受台风"泰利"影响,全省遭受了安徽省自1949年以来最为严重的热带气旋灾害。而2008年热带气旋危害程度仅次于2005年,为1996年以来台风灾情偏重年份的第二位。

3.2.2　主要的热带气旋灾害

(1)0807号热带风暴"海鸥"(Kalmaegi)

　　2008年第7号热带风暴"海鸥"于7月15日14时在菲律宾吕宋岛北部以东的洋面上生成,16日晚上加强为强热带风暴。17日加强为台风后于21时40分在台湾省宜兰县南部沿海第一次登陆,登陆后几小时减弱为强热带风暴。18日18时10分在福建省北部霞浦县长春镇再次登陆,登陆时中心附近最大风力有10级(25米/秒),登陆后1小时内在霞浦境内减弱为热带风暴,并逐渐由西北方向转向偏北方向移动。

　　受"海鸥"外围云系和北方弱冷空气的共同影响,18—19日安徽省大部分地区有一次雷阵雨天气过程,18日08时—20日08时累计雨量:江南东南部25～155毫米,其中42个乡镇超过50毫米,最大宁国宁墩155毫米;其他地区1～25毫米。同时江淮之间东部、大别山区和江南部分地区出现6～8级大风。

(2)0808号热带风暴"凤凰"(Fung-wong)

　　2008年第8号热带风暴"凤凰"于7月25日下午在西北太平洋洋面上生成,26日下午加强为台风。28日6时30分前后"凤凰"以强台风的强度(45米/秒,14级)在台湾花莲南部沿海第一次登陆,22时在福建福清东瀚镇再次登陆,登陆时为台风强度(33米/秒,12级),登陆后强度逐渐减弱。29日夜间,在滞留福建23小时之后"凤凰"进入江西东北部,30日14时在江西鄱阳县境内减弱为热带低压,并于31日2时停止编号

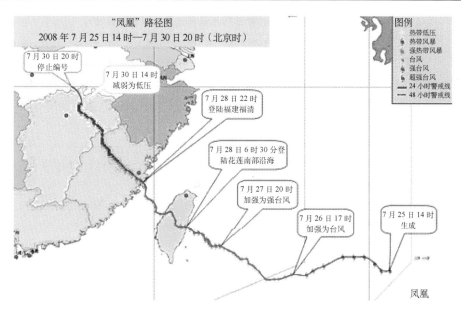

图 3.2.2　2008 年 8 号台风凤凰路径图

受第 8 号台风"凤凰"残留云系影响，7 月 28 日—8 月 3 日安徽省滁州、巢湖等地出现了历史罕见的强降水，过程降水量普遍在 200 毫米以上，滁州、含山均超过了 500 毫米（图 3.2.3）。

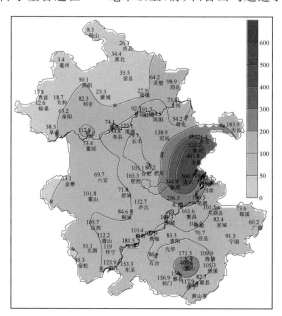

图 3.2.3　安徽省 2008 年 7 月 28 日—8 月 3 日累计降水量（毫米）

7 月 31 日 20 时—8 月 1 日 20 时，含山和巢湖日降水量分别达到 410.7 毫米和 251.8 毫米；8 月 1 日 08 时—2 日 08 时，安徽省江淮之间东部地区出现强降水，其中滁州、全椒 24 小时降水量分别达 428.5 毫米和 423.4 毫米，上述地区均超过当地日降水量的历史极值（表 3.2.2）。除了气象台站降水破历史记录外，一些乡镇也出现了强降水记录，如滁州黄圩镇 8 月 1 日 08 时—2 日 08 时的 24 小时降水量达 465 毫米，超过安徽省台站最大记录。

表 3.2.2　　本次降水过程日降水量超过历史极值的台站

站号	站名	本次过程最大日 降水量(毫米)	历史上最大日 降水量(毫米)	历史上最大日 降水量出现日期
58236	滁州	428.5	351.7	2003.7.5
58230	全椒	423.4	335.2	2000.6.2
58330	含山	410.0	211.3	2005.9.3
58326	巢湖	254.0	216.3	1991.8.7

与历史上典型大水年 1991 和 2003 年相比,此次特大暴雨过程具有强度大、历时短等特点,皖东地区出现有气象记录以来最强暴雨过程(图 3.2.4)。

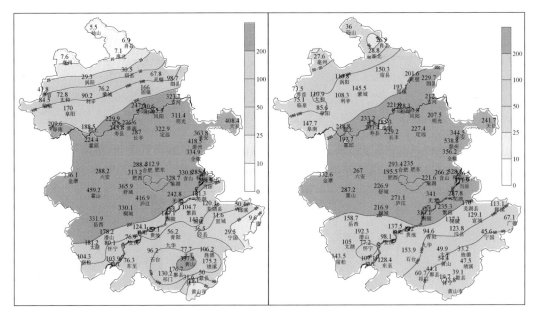

图 3.2.4　安徽省 1991 年 7 月 6—11 日及 2003 年 7 月 4—11 日累计降水量(毫米)

表 3.2.3 为安徽省建站以来日降水量超过 300 毫米情况。安徽省所有台站历史上日降水量超过 300 毫米仅出现过 18 次,7 月 28 日以来,安徽省 3 站(滁州、全椒、含山)日降水量均超过了 400 毫米,均突破该站的历史极值,排在安徽省历史日最大降水量的第 3~5 位。

表 3.2.3　安徽省历史上日降水量超过 300 毫米情况

站名	日期	日降水量(毫米)	站名	日期	日降水量(毫米)
岳西	2005.9.3	493.1	黄山光明顶	1991.7.7	328.4
界首	1972.7.2	440.4	岳西	1969.7.14	326.7
萧县	1982.7.22	374.6	凤台	1968.6.30	320.4
滁州	2003.7.5	351.7	太平	2007.7.10	318.3
阜南	1984.6.13	346.0	宿松	1998.7.22	316.7
庐江	1969.7.14	343.3	当涂	1962.7.6	316.1
全椒	2000.6.2	335.2	霍山	2005.9.3	314.6
五河	1997.7.18	333.2	来安	1975.8.18	303.6
桐城	1969.7.14	333.0	太和	1972.7.2	301.6

利用安徽省所有台站建站至 2007 年逐日降水观测资料,利用百分位数方法统计确定了暴雨强度等级的划分标准见表 3.2.4。

表 3.2.4　安徽省暴雨强度等级划分标准(毫米)

暴雨天数	1 级(轻涝)	2 级(中涝)	3 级(较重涝)	4 级(重涝)	5 级(特重涝)
1 天	75≤R<85	85≤R<100	100≤R<120	120≤R<140	R≥140
2 天	85≤R<105	105≤R<125	125≤R<140	140≤R<160	R≥160
3 天	100≤R<130	130≤R<160	160≤R<190	190≤R<240	R≥240
4 天	120≤R<150	150≤R<190	190≤R<230	230≤R<290	R≥290
5 天	130≤R<165	165≤R<205	205≤R<250	250≤R<335	R≥335
6 天	150≤R<190	190≤R<245	245≤R<300	300≤R<360	R≥360
7 天	165≤R<215	215≤R<275	275≤R<315	315≤R<390	R≥390
8 天	180≤R<240	240≤R<300	300≤R<350	350≤R<400	R≥400
9 天	200≤R<260	260≤R<305	305≤R<330	330≤R<425	R≥425
10 天	280≤R<375	375≤R<485	485≤R<630	630≤R<720	R≥720

依据表 3.2.4 中暴雨强度等级的划分标准,此次 5 天暴雨过程中,滁州、含山、全椒、和黄山光明顶达到 5 级(特重涝),巢湖、和县和来安达到 4 级(重涝),马鞍山和无为达 3 级(较重涝),基本分布在江淮之间东南部。

由于雨量集中,强度大,持续时间长,导致滁河干支流水位迅速上涨,堤防出现散浸、管涌险情多起。滁河干流全线超过保证水位,发生了有实测记录以来仅次于 1991 年的大洪水,洪水重现期超过 20 年。滁州、巢湖等市县内涝严重,滁州城区 50% 以上面积受淹,主干道积水 0.5 米以上。含山县中小型水库全部溢洪,大多数河流水位超警戒水位。

7 月 28 日省政府召开防御第 8 号台风
紧急电视电话会议

8 月 2 日武警官兵解救全椒县被洪水
围困的群众

(3)0813 号热带风暴"森拉克"(Sinlaku)

2008 年第 13 号热带风暴"森拉克"于 9 月 9 日 05 时在菲律宾吕宋岛以东的洋面上生成,之后强度持续加强,并于 11 日 17 时发展为超强台风,中心附近最大风力曾达 16 级(52 米/秒)。14 日 1 时 50 分在台湾宜兰登陆,登陆时为强台风。14 日 9 时减弱为台风,之后强度持续减弱。

受"森拉克"外围云系影响,9 月 13—15 日沿江江南普降小到中雨,其中江南东部雨量较大;同时偏东风力略有增强。15日凌晨"森拉克"在福建近海转向东北方向移动,对安徽省的影响逐渐减弱。

3.3 暴雨洪涝

3.3.1 基本概况

2008年汛期(5—9月)全省平均降水量752毫米,较常年同期基本持平。但降水空间分布不均,江淮之间东部、大别山区和江南大部800～1285毫米,其他地区461～800毫米。与常年同期相比,淮北大部、江淮之间东部、大别山区和江南南部降水偏多1～3成不等,其他地区偏少1～3成不等。

2008年汛期,除台风引发的强降水过程外,全省各地先后出现多次暴雨过程,主要有:5月26—28日全省、6月8—10日沿江江南、6月17—22日全省、7月9日砀山、7月22—23日沿淮淮北、8月15—17日江北大部、8月28—30日大别山区等。暴雨导致各地出现不同程度的内涝和农田渍涝,其中以宿州、亳州、阜阳、黄山和六安等地灾情最为严重,其农作物受灾面积、绝收面积、受灾人口和直接经济损失分别占全省的86.74%、87.15%、81.31%和84.18%(见表3.3.1)。

表 3.3.1　2008 年安徽省暴雨洪涝灾害损失统计表

	受灾面积 (万公顷)	绝收面积 (万公顷)	受灾人口 (万人)	因灾死亡 人口(人)	倒塌房屋 (间)	损坏房屋 (间)	直接经济 损失(亿元)	农业经济 损失(亿元)
合肥	1.151	0.347	12.06	0	1641	1437	0.68	0.54
芜湖	0.192	0.095	3.09	0	9	0	0.07	0.07
蚌埠	1.108	0.772	25.00	0	516	350	1.13	0.97
淮南	0.333	0.333	3.30	0	0	451	0.35	0.34
马鞍山	0.00	0.00	0.00	0	0	0	0.00	0.00
淮北	0.166	0.100	3.21	0	75	190	0.06	0.05
铜陵	0.098	0.137	2.85	0	21	655	0.07	0.06
安庆	1.022	0.610	22.13	0	878	2417	0.31	0.20
黄山	3.655	2.552	85.10	0	37195	19620	10.17	5.40
滁州	0.00	0.00	0.00	0	0	0	0.00	0.00
阜阳	4.853	2.697	48.03	0	1160	1131	2.00	1.90
宿州	16.252	10.738	147.84	0	1392	5401	2.54	2.45
巢湖	1.786	0.869	26.42	0	38	0	0.67	0.65
六安	2.727	1.772	55.58	1	3223	9075	3.80	1.52
亳州	12.328	5.323	107.03	0	1363	2502	1.77	1.69
池州	0.060	0.060	1.80	0	0	0	0.02	0.02
宣城	0.167	0.080	2.11	0	122	93	0.45	0.23
总计	45.897	26.483	545.55	1	47633	43322	24.08	16.08

注:表中不含台风暴雨导致的灾害损失数据。

除台风暴雨灾害外,2008年全省因暴雨洪涝造成的农作物受灾面积45.897万公顷,较多年平均值(126.529 万公顷)偏少 64%,同时也不足 2007 年(161.668 万公顷)的 1/3;受灾 545.55 万人次,较多年平均值(1349.16 万人次)偏少 60%,同时也不足 2007 年(1881.92 万人次)的 1/3;因灾直接经济损失 24.08 亿元,较多年平均值(92.22 亿元)偏少 74%,同时也不足 2007 年(127.47 亿元)1/5(图 3.3.1)。总体来看,2008 年暴雨洪涝受灾程度较常年明显偏轻,也是 2005 年以来灾情最轻的一年。

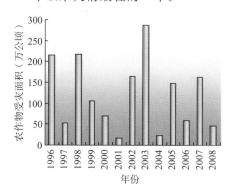
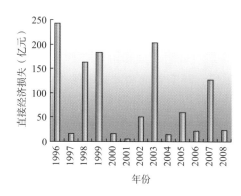

图 3.3.1　安徽省 1996—2008 年暴雨洪涝造成的农作物受灾面积(左)和直接经济损失(右)

3.3.2　主要的暴雨洪涝灾害

(1)4 月 8—9 日,全省出现明显雷阵雨天气,大部分地区降水量普遍大于 25 毫米。其中 8 日有 14 个市县出现 2008 年的首场暴雨,淮南最大 98.1 毫米。

(2)4 月 19—20 日,沿淮淮北地区出现强降雨天气。19 日,淮北有 13 个市县出现暴雨、大暴雨,其中界首、蒙城、太和、临泉 4 个市县出现大暴雨,界首最大 129.8 毫米;20 日,灵璧、怀远、固镇、阜南、颍上和淮南 6 个市县出现暴雨。此次强降水导致淮河干流王家坝水位陡涨,是 2008 年首次超过警戒水位。强降水还导致泗县、灵璧、怀远、太和、阜阳等多个市县的部分乡镇遭受洪涝灾害。

(3)5 月 26 日夜里开始,安徽省自北向南出现雷阵雨天气,27 日淮北和沿江江南普降暴雨。27 日 08 时—28 日 08 时,全省有 30 个县市出现暴雨,其中太湖 118.5 毫米、庐江 109.4 毫米、祁门 107.8 毫米为大暴雨。根据高密度雨量站监测全省有 377 个乡镇出现暴雨,40 个乡镇出现大暴雨,庐江乐桥最大 194.0 毫米。

6 月 8—10 日强降水导致黄山市出现严重内涝　　　6 月 8—10 日强降水导致歙县居民家中进水

（4）自6月8日安徽省南部进入梅雨期以后，淮河以南大部维持时阴时雨天气，其中大别山区和江南南部出现持续强降水，局部暴雨、大暴雨。6月8—10日，沿江西部和江南大部出现强降水过程，过程降水量普遍超过100毫米，其中8日黟县和黄山光明顶出现暴雨；9日祁门、宿松、黟县和太和出现暴雨，屯溪、休宁和歙县出现大暴雨；10日江南南部7个市县出现暴雨，9个市县出现大暴雨，绩溪最大177.0毫米。9—10日黄山、宣城等地因暴雨洪涝造成河水暴涨，部分村庄进水，耕地受淹冲毁，水利、交通等基础设施损毁严重。

（5）6月17—18日合肥以南大部地区出现大到暴雨，其中17日黟县、祁门、休宁、歙县等沿江江南16个市县出现暴雨，18日屯溪出现暴雨。6月19日起主雨带逐渐北抬，全省出现明显降水过程。20日淮北和萧县出现暴雨；21日有6个市县出现暴雨、大暴雨，其中定远和霍邱出现大暴雨；22日强降水集中在江淮之间以及沿江部分地区，合肥最大日降水量达130.3毫米。持续的强降水导致安徽省部分地区发生内涝和山洪，灾情较为严重。

（6）7月5—12日，安徽省多雷阵雨天气，雨量分布不均，局部地区出现短时强降水。8日淮南出现暴雨；9日淮北、萧县和庐江出现暴雨，部分乡镇因强降水造成的灾害较为严重。

（7）7月22—23日，沿淮淮北普降大到暴雨。22日蚌埠、界首、淮北、太和、怀远、寿县、萧县、霍山和明光出现暴雨，砀山、五河和亳州出现大暴雨，最大砀山157.1毫米；23日淮北、亳州、宿州、来安、太和、涡阳、五河和砀山出现暴雨，界首、临泉和萧县出现大暴雨，界首最大143.4毫米。宿州、亳州、阜阳、蚌埠等9个县（区）发生内涝。受强降水以及上游来水影响，淮河干流和淮北主要支流出现了入汛以来的最大洪水。7月25日14时，王家坝水位已达28.05米，超过警戒水位0.55米，26日4时出现2008年第二次洪峰。

7月22—23日强降水导致沿淮淮北部分农田受淹　　　　7月22—23日强降水导致萧县出现城市内涝

（8）8月13—17日，全省有一次明显的降水过程。14日马鞍山、蚌埠和淮北出现暴雨；15日霍山、泾县、巢湖出现暴雨；16日金寨、六安和霍山出现暴雨；17日蒙城、利辛、阜阳、灵璧、太和、宿州、阜南、来安、涡阳、泗县和固镇出现暴雨。强降水形成山洪灾害和低洼地内涝灾害，其中六安市、阜阳市局部灾情较为严重。强降水还导致淮河干流水位全线上涨，17日21时淮河干流王家坝站2008年第三次达到警戒水位27.5米。19日凌晨2时淮河干流王家坝站出现2008年最大洪峰，洪峰水位达28.48米，超警戒水位0.98米。

（9）8月20—21日，安徽省南部多雷阵雨天气。20日涡阳和蒙城出现暴雨；21日砀山出现暴雨，萧县大暴雨。暴雨导致涡阳县、蒙城县部分乡镇玉米、大豆等农作物因内涝受灾。

（10）8月28—30日，淮河以南地区出现一次明显降水过程，其中29日有16个市县出现暴雨、大暴雨,岳西最大 125.2 毫米;过程降水中心主要出现在大别山区。由于降水强度大,部分地区出现短时内涝。桐城市青草镇受灾最为严重,受灾 52000 人,农作物受灾面积 2466 公顷,毁坏耕地面积 67 公顷,倒塌房屋 61 间,直接经济损失 317 万元。受 8 月底淮河流域自西向东出现的大范围降雨影响,9 月 1 日 20 时淮河干流王家坝站出现 2008 年第四次洪峰,洪峰水位 27.55 米,超警戒水位 0.05 米。

(11)9 月 3—5 日,淮河以南有一次明显的降水过程,其中 5 日雨势较强,繁昌、南陵、芜湖县、宣城和郎溪出现暴雨和大暴雨,最大芜湖县 107.1 毫米。连阴雨天气导致皖南南部、沿江江南东部以及江北局部土壤过湿,不利于棉花正常吐絮和双晚稻抽穗。

(12)9 月 22—26 日,全省出现一次明显的降温、降水过程,其中 23 日沿淮淮北东部出现雷阵雨天气,凤阳和固镇出现暴雨。

3.4　大风、冰雹、龙卷

3.4.1　基本概况

2008 年,全省频繁出现大风、冰雹、龙卷等强对流天气,造成了一定的经济损失和人员伤亡。年内,强对流天气对亳州、六安、滁州、安庆等地市造成的灾情较为严重(见表 3.4.1)。上述地区因灾农作物受灾面积、受灾人口和直接经济损失分别占全省的 84.52%、82.86% 和 54.09%。

表 3.4.1　2008 年安徽省强对流天气灾情统计表

	受灾面积 (万公顷)	绝收面积 (万公顷)	受灾人口 (万人)	因灾死亡 人口(人)	倒塌房屋 (间)	损坏房屋 (间)	直接经济 损失(万元)	农业经济 损失(万元)
合肥	0.047	0.00	0.17	0	109	798	796	290.8
芜湖	0.254	0.00	3.88	0	156	0	601.59	585.30
蚌埠	0.186	0.026	1.87	3	287	920	1469	935
淮南	0.00	0.00	0.00	0	0	0	0.00	0.00
马鞍山	0.00	0.00	0.00	0	0	0	0.00	0.00
淮北	0.250	0.071	4.85	2	100	858	2350.00	1674.00
铜陵	0.00	0.00	0.00	0	0	0	0.00	0.00
安庆	0.412	0.016	10.40	0	319	1117	1612	1149
黄山	0.00	0.00	0.00	0	0	0	0.00	0.00
滁州	0.414	0.207	2.94	0	10	380	1820.00	1570.00
阜阳	1.849	0.018	31.77	1	438	1584	5285.00	2212.00
宿州	0.002	0.001	2.00	2	1720	1866	3768.55	300.00
巢湖	0.099	0.010	2.03	1	262	510	2313.00	730.00
六安	0.470	0.102	10.81	0	778	2875	2282.00	1383.00
亳州	1.709	0.001	19.74	0	16	214	3013.50	2999.50
池州	0.00	0.00	0.00	0	0	0	0.00	0.00
宣城	0.051	0.00	0.85	0	65	546	595.00	335.00
总计	5.743	0.452	91.31	9	4260	11668	25905.64	14163.60

2008 年,全省因大风、冰雹和龙卷造成的农作物受灾面积 5.743 万公顷,较多年平均值(23.058 万公顷)偏少 8 成;受灾 91.31 万人次,较多年平均值(292.50 万人次)偏少 7 成,两者均不到 2007 年的 1/3;因灾直接经济损失 2.59 亿元,较多年平均值(10.19 亿元)偏少近 8 成,也仅为 2007 年(12.04 亿元)的 2 成。总体来看,2008 年因大风、冰雹和龙卷等强对流天气受灾程度属于偏轻年份。

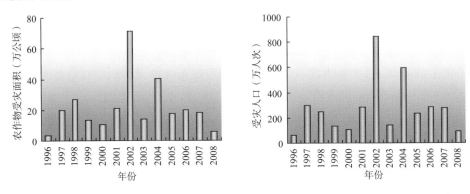

图 3.4.1　安徽省 1996—2008 年强对流天气造成的农作物受灾面积(左)和受灾人口(右)

3.4.2　主要的大风、冰雹和龙卷灾害

(1)4 月 8 日安徽省出现明显雷阵雨天气,部分地区伴有大风,其中萧县、天长、无为、芜湖、铜陵等多个县市出现 17 米/秒以上的大风。8 日上午全椒县武岗和天长市永丰、冶山等乡镇遭受大风袭击,造成部分房屋倒塌或损坏、大片农作物倒伏,一些树木拦腰折断。

(2)4 月 27—30 日,安徽省出现大风、冰雹天气。其中 27 日萧县出现小冰雹;28 日九华山出现 17 米/秒的偏东大风;30 日淮北 4 个市县出现 17 米/秒以上的偏西大风,最大利辛 30.9 米/秒。

(3)5 月 3 日,萧县、濉溪和宁国等地出现大风天气,其中 23 时 32 分萧县出现 19.3 米/秒的大风。

(4)5 月 17—18 日,安徽省自北向南出现了一次雷雨大风天气过程,阜阳、定远和巢湖 3 个市县出现 17 米/秒以上大风,另据安徽省高密度自动站观测,有 14 个乡镇出现 17 米/秒以上大风。

(5)5 月 24 日 14 时 20 分至 15 时,来安县半塔镇出现冰雹、雷暴天气。据当地政府工作人员目测,冰雹一般有黄豆大小,最大冰雹直径达 2 厘米左右,持续时间 15 分钟左右。

(6)5 月 27 日下午,涡阳、蒙城、亳州、黟县等地发生大风、冰雹灾害。其中 16 时 40 分左右,黟县柯村乡宝溪村忽降雷雨并伴有冰雹和大风,持续时间约为 10 分钟左右。大风导致宝溪村前屋组南山原生态茶厂一砖木结构茶叶棚倒塌,砸死一妇女;大风还导致宝溪村部分村民屋瓦被掀翻,不少居民房屋受损,树木被折断,损失严重。

(7)6 月 3 日安徽省江北大部分地区出现雷暴天气,五河、亳州、定远、阜阳、界首、涡阳、利辛、砀山、蒙城、滁州、太湖等 11 个市县出现 7～8 级以上的大风,最大五河 11 级(29 米/秒),亳州 10 级(27 米/秒)。宿州和五河出现冰雹,五河最大冰雹直径达 10 毫米,部分乡镇也遭到冰雹袭击。大风、冰雹导致泗县、五河、无为、涡阳、亳州、明光等地房屋倒塌,农作物倒伏,损失严重。

6月3日凤阳县大溪河镇出现冰雹　　　　　6月20日灵璧龙卷造成人员伤亡

（8）6月20日14时26分左右，灵璧县灵城镇徐杨村、刘兆村、西关、南姚、虹川等社区遭受龙卷风袭击。灾害发生时瞬间风力达12级以上，大风持续5分钟左右，造成人员伤亡、房屋倒塌及电网损毁。同日14时左右，涡阳县青疃镇张各村、李圩村也出现了大风。

（9）7月1日14时30分至15时，濉溪县四铺乡、百善镇和烈山区古饶镇遭受雷雨大风、冰雹袭击，瞬时大风8～9级，冰雹持续5～6分钟。强对流天气导致淮北市3个乡镇13个村受灾，其中颜道口村最重。同日23时40分，六安金安区三十铺、先生店、横塘岗等乡镇部分地区遭受大风、冰雹袭击，造成了一定经济损失。

（10）7月2日上午，岳西、石台、黟县、无为等地出现大风灾害，造成树木折断、农作物倒伏，经济损失较为严重。

（11）7月4日15时左右，肥西部分乡镇遭龙卷袭击，狂风夹杂着暴雨、冰雹导致肥西电网部分线路跳闸、电杆和线路倒杆、断线。同日16—18时，蚌埠市禹会区秦集镇以及灵璧县杨疃镇庙王村和虞姬乡唐山村先后遭受雷雨大风袭击。灾害造成群众房屋、树木、电力、电信等基础设施受损。

（12）7月6日15—16时，凤阳、马鞍山、明光、肥西和霍邱县、六安市金安区、裕安区等地发生大风、冰雹、雷击灾害，造成了较严重的损失。

（13）7月8日凌晨2时30分左右，颍上县谢桥镇境内出现雷雨大风，最大风速17.8米/秒，高秆玉米作物被大风刮倒；同日，淮北市杜集区遭大风袭击，造成了较大经济损失。

7月6日马鞍山夏院村大风导致房屋倒塌　　　　7月8日颖上县谢桥镇大风折断树木

(14)7月9日12时左右,居巢区烔炀、庙岗、夏阁、槐林等乡镇遭受大风、冰雹袭击,造成部分群众受灾。

(15)7月22—23日,安徽省多个市县出现大风、冰雹等强对流天气。7月22日,天长市、裕安区、宣州区局部发生雷雨大风、冰雹灾害,造成部分地区受灾严重。7月23日13时许,五河、天长、濉溪、淮南、颍上部分乡镇遭受大风袭击。其中颍上润河、半岗、八里河等14个乡镇遭龙卷袭击,瞬间风力达10级以上,持续近20分钟。灾害性天气导致农作物严重受灾、不少居民房屋倒塌、树木折断、电力设施损毁严重。

(16)7月25日17时—27日22时,合肥、固镇、无为、含山、天长、桐城、潜山、肥东、六安和东至等地局部发生大风、冰雹灾害。其中7月26日16时50分至17时10分,桐城金神镇、嬎子湖、吕亭镇和潜山余井镇遭受龙卷风和冰雹天气的袭击,短时风力8级,阵风10级。大风所到之处大小树木刮倒、刮断、民房倒损。

(17)7月28日下午,沿淮淮北部分地区发生大风、冰雹灾害,造成了农作物受灾严重、树木折断、居民房屋损毁和倒塌,强对流天气还造成了较大的人员伤亡,经济损失较为严重。

(18)8月16日下午,旌德、桐城和芜湖县出现雷雨大风天气,其中桐城双港镇短时风力8级;旌德最大风速达18.1米/秒。

(19)8月20日中午,固镇县出现雷雨大风,导致该县王庄镇西南村和东南村2人死亡,并造成了一定的经济损失。

3.5　大雾

3.5.1　基本概况

2008年,全省各地出现多次不同强度的大雾天气。大雾对交通运输和空气质量造成了不利影响。全年因大雾引发的交通事故138起,占交通事故总起数的1.66%;死亡77人,占交通事故总死亡人数的2.59%;受伤179人,占交通事故总受伤人数的1.76%;直接经济损失209.54万元,占交通事故总经济损失的9.18%。

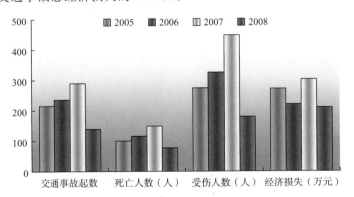

图3.5.1　安徽省2005—2008年大雾引发的交通事故情况

从2005—2008年全省大雾引发的交通事故情况看(图3.5.1),由于2008年全省平均雾日明显减少,加之社会公众对大雾预报预警信息关注度以及交通部门管理水平的进一步提高,

2008 年大雾引发的交通事故起数、死亡人数、受伤人数以及事故造成的直接经济损失较上年明显减少,一改近年来大雾造成的交通事故持续增多的趋势。

3.5.2　主要的大雾灾害

(1)1 月 8 日江北大部出现大雾,部分高速路段能见度不足 10 米;9 日扩展到沿江地区,大部地区最低能见度不足 50 米;10 日江淮之间部分地区大雾持续。1 月 8 日,京台高速合徐段因大雾先后发生 36 起交通事故,有 82 辆车追尾发生碰撞,共造成 7 人死亡,12 人受伤;1 月 9 日零时起,芜湖境内四大交通枢纽相继封闭,有近 4000 辆车被滞留,400 余艘各类船舶一度因雾停航。

　　1 月 8 日京台高速合徐段 33～37 千米段　　　　　　1 月 8 日大雾笼罩合肥城区
　　　　　　因大雾发生特大交通事故

(2)4 月 17 日,沿淮至沿江分别出现了大范围的大雾天气。大雾导致南洛高速滁州段接连发生多起车祸,造成 3 人死亡,多人受伤,被堵车流长达 5 千米;合肥境内高速公路所有道口全部封闭。

(3)6 月 7—10 日,沿淮淮北部分地区连续出现大雾。受大雾影响,省内多条高速公路临时关闭。8 日,南洛高速明光段相隔不到 2 千米路段先后发生两起交通事故,造成 2 人死亡,多人受伤。

(4)6 月 14 日,沿淮淮北出现大雾。大雾导致合徐高速发生多起交通事故,造成 3 人死亡、近 20 辆车受损。

(5)10 月 29 日 20 时—30 日 09 时江北大部和江南局部共 56 个县市出现大雾;31 日大雾蔓延至全省大部地区。从 29 日夜间起,界阜蚌高速因大雾临时封闭,导致 1000 多辆车出行受阻;30 日凌晨,因交通事故造成南洛高速界首段 2 人死亡、9 人受伤,合徐高速滁州段 1 人死亡、4 人受伤。

(6)11 月 14 日早晨,天长境内出现能见度不足 50 米的大雾。受大雾影响,在距离苏皖交界处约 200 米的宁连高速公路 71 千米附近共发生 12 起交通事故,造成死亡 5 人,伤 14 人。

3.6　雷电

3.6.1　基本概况

2008 年 4—8 月,全省发生数百起雷电灾害,其中发生雷电致人伤亡事件 21 起,造成 20

人死亡、15 人受伤,雷击造成的经济损失也较为严重。其中滁州、宣城、六安等地成为雷电灾害重灾区,电器和野外作业人员成主要被袭击目标。2008 年雷击造成的死亡人数和受伤人数均较 2002—2007 年平均值偏少,也较 2007 年偏少(图 3.6.1)。总体来看,全年雷电灾害属于偏轻年份。

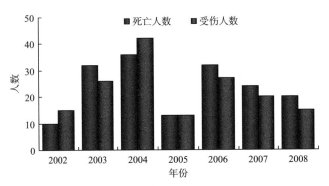

图 3.6.1　安徽省 2002—2008 年因雷击造成的伤亡人数

3.6.2　主要的雷电灾害

2008 年安徽省因雷击造成人员伤亡情况见表 3.6.1。

表 3.6.1　安徽省 2008 年 4—8 月雷电造成人员伤亡情况

时间	地点	死亡(人)	受伤(人)
4 月 8 日 16 时	泾县蔡村镇河冲村	1	0
4 月 8 日 16 时	东至县官港镇横岭村	1	1
4 月 8 日 17 时	池州市贵池区	0	2
5 月 27 日 17 时	当涂县大隆乡戎楚村	1	0
6 月 21 日	来安县雷官镇雷官村	1	0
6 月 21 日 8 时	肥东县白龙镇肖凤村	1	0
6 月 23 日 18 时	泾县楼外楼饭店	1	0
6 月 30 日下午	六安市裕安区罗集乡云水村	2	0
7 月 6 日 15—16 时	明光市	1	0
7 月 10 日下午	当涂县大陇乡塘桥村	1	2
7 月 11 日	旌德县孙村乡	0	2
7 月 12 日 16 时	东至县官港镇郑元村	0	4
7 月 15 日 17 时	宿州市墉桥区春望镇柳元村	1	1
7 月 22 日 16 时	泾县昌桥乡汪店村	1	1
7 月 22 日 17 时	天长新街镇龙南村	1	1
7 月 23 日 14 时	寿县窑口乡粮台村	1	0
7 月 26 日 15—16 时	天长市广宁村	2	1
8 月 4 日 16 时	蒙城县许疃镇卢老荒村	1	0
8 月 5 日	合肥市潜山路与南二环交口	1	0
8 月 14 日 9 时	固镇县王庄马铺村	1	0
8 月 19 日下午	绩溪县临溪镇煤炭山村	1	0
	总计	20	15

4—8月安徽省雷电灾害频发

6月21日凌晨天长一玩具厂遭雷击引发火灾

附　录

附录 1　人口受灾情况统计表

附表 1　2008 年安徽省受灾人口统计表

	人口受灾情况合计					洪涝灾				大风、冰雹和龙卷（不含雷电灾害）			
	受灾人口（万人）	因灾死亡人口（人）	因灾伤病人口（人）	转移安置人口（人）	饮水困难人口（人）	受灾人口（万人）	因灾死亡人口（人）	因灾伤病人口（人）	转移安置人口（人）	受灾人口（万人）	因灾死亡人口（人）	因灾伤病人口（人）	转移安置人口（人）
全省总计	2341.05	56	10280	286114	58689	545.55	1	8	34557	91.31	9	64	4556
合肥	28.03	4	47	10447	0	12.06	0	0	1125	0.17	0	1	73
芜湖	46.88	1	50	11950	0	3.09	0	0	0	3.88	0	0	7
蚌埠	61.99	5	328	2338	0	25.00	0	0	0	1.87	3	0	90
淮南	9.14	0	0	2017	1000	3.30	0	0	0	0.00	0	0	0
马鞍山	1.98	4	1	780	0	0.00	0	0	0	0.00	0	0	0
淮北	9.23	2	7	463	0	3.21	0	0	195	4.85	2	7	268
铜陵	30.88	0	237	481	6807	2.85	0	0	261	0.00	0	0	0
安庆	399.53	2	621	35194	0	22.13	0	0	200	10.40	0	0	300
黄山	192.91	0	1260	25673	24792	85.10	0	0	21543	0.00	0	0	0
滁州	209.23	16	3825	95178	0	0.00	0	0	0	2.94	0	0	200
阜阳	109.25	2	0	2884	0	48.03	0	0	620	31.77	1	0	334
宿州	235.86	3	45	4716	0	147.84	0	0	2256	2.00	2	45	2460
巢湖	339.02	5	33	23245	0	26.42	0	0	15	2.03	1	6	106
六安	240.90	5	3470	32432	24500	55.58	1	8	5923	10.81	0	4	712
亳州	128.91	1	1	1116	0	107.03	0	0	1110	19.74	0	1	6
池州	113.60	1	33	21850	0	1.80	0	0	0	0.00	0	0	0
宣城	183.71	5	322	15350	1590	2.11	0	0	1309	0.85	0	0	0

续表 1

2008 年安徽省受灾人口统计表

	热带气旋灾					雪灾				
	受灾人口(万人)	因灾死亡人口(人)	因灾伤病人口(人)	转移安置人口(人)	饮水困难人口(人)	受灾人口(万人)	因灾死亡人口(人)	因灾伤病人口(人)	转移安置人口(人)	饮水困难人口(人)
全省总计	269.03	13	3829	96762	24792	1359.19	13	6379	149998	33897
合肥	0.36	0	1	75	0	15.75	2	45	9174	0
芜湖	11.04	0	0	0	0	28.86	1	50	11943	0
蚌埠	18.29	1	3	940	0	16.78	0	325	1308	0
淮南	0.04	0	0	2	0	5.79	0	0	2015	1000
马鞍山	0.49	0	0	10	0	1.49	2	1	770	0
淮北	0.00	0	0	0	0	0.38	0	0	0	0
铜陵	3.06	0	0	56	0	24.97	0	237	164	6807
安庆	25.97	2	0	3600	0	341.03	0	621	31094	0
黄山	0.00	0	0	0	0	107.81	0	1260	4130	0
滁州	89.16	9	3825	77978	24792	117.13	2	0	17000	0
阜阳	0.00	0	0	0	0	28.36	1	0	1930	0
宿州	0.00	0	0	0	0	17.02	0	0	0	0
巢湖	102.81	0	0	12410	0	207.74	4	27	10491	0
六安	0.51	0	0	1329	0	174.00	1	3458	24468	24500
亳州	0.00	0	0	0	0	2.14	0	0	0	0
池州	11.50	0	0	0	0	100.30	0	33	21850	0
宣城	6.09	1	0	362	0	169.64	0	322	13661	1590

附录 2　农作物受灾情况统计表

附表 2　2008年安徽省农作物受灾面积统计表（万公顷）

	农作物受灾合计		洪涝灾		大风、冰雹和龙卷		热带气旋灾		雪灾	
	受灾面积	其中绝收	受灾面积	其中绝收	受灾面积	其中绝收	受灾面积	其中绝收	受灾面积	其中绝收
全省总计	159.517	19.498	45.897	4.614	5.743	0.452	21.918	6.532	79.584	7.879
合肥	5.549	0.190	1.152	0.102	0.047	0.00	0.004	0.001	4.347	0.088
芜湖	3.962	0.494	0.192	0.00	0.254	0.00	0.618	0.00	2.898	0.494
蚌埠	2.636	0.187	1.108	0.017	0.186	0.026	0.967	0.105	0.375	0.038
淮南	0.536	0.389	0.333	0.245	0.00	0.00	0.00	0.00	0.202	0.144
马鞍山	0.139	0.00	0.00	0.00	0.00	0.00	0.052	0.00	0.087	0.00
淮北	0.459	0.084	0.166	0.00	0.250	0.071	0.00	0.00	0.005	0.003
铜陵	1.115	0.063	0.098	0.046	0.00	0.00	0.011	0.00	1.007	0.017
安庆	18.390	1.927	1.022	0.100	0.412	0.016	1.531	0.044	15.426	1.767
黄山	9.670	1.271	3.655	0.555	0.00	0.00	0.00	0.00	6.015	0.716
滁州	18.424	4.871	0.00	0.00	0.414	0.207	10.585	4.325	7.425	0.339
阜阳	8.035	1.801	4.853	1.425	1.849	0.018	0.00	0.00	1.269	0.352
宿州	22.183	0.562	16.252	0.561	0.002	0.001	0.00	0.00	0.995	0.00
巢湖	21.916	3.246	1.786	0.118	0.099	0.010	7.896	2.037	12.135	1.081
六安	17.014	2.317	2.727	0.709	0.470	0.102	0.005	0.001	13.812	1.506
亳州	14.254	0.733	12.328	0.732	1.709	0.001	0.00	0.00	0.217	0.00
池州	6.559	1.193	0.060	0.002	0.00	0.00	0.080	0.002	6.419	1.189
宣城	8.675	0.170	0.167	0.003	0.051	0.00	0.169	0.018	6.953	0.146

附录 3　直接经济损失统计表

附表 3　2008 年安徽省直接经济损失统计表

	损失情况合计					洪涝灾				
	倒塌房屋（间）	损坏房屋（间）	因灾死亡大牲畜（头）	直接经济损失（亿元）	其中农业经济损失（亿元）	倒塌房屋（间）	损坏房屋（间）	因灾死亡大牲畜（头）	直接经济损失（亿元）	其中农业经济损失（亿元）
全省总计	193045	344427	5111	214.00	106.07	47633	43322	116	24.08	16.08
合肥	15674	16236	1174	6.57	3.68	1641	1437	0	0.68	0.54
芜湖	6056	7837	49	9.98	3.75	9	0	0	0.07	0.07
蚌埠	4559	15957	25	3.35	2.68	516	350	0	1.13	0.97
淮南	1951	7028	8	0.80	0.66	0	451	0	0.35	0.34
马鞍山	6257	958	0	1.12	0.47	0	0	0	0.00	0.00
淮北	491	2569	0	0.36	0.26	75	190	0	0.06	0.05
铜陵	2714	3958	37	2.48	0.95	21	655	0	0.07	0.06
安庆	26792	64796	546	19.38	8.30	878	2417	0	0.31	0.20
黄山	40354	34526	10	23.71	13.27	37195	19620	3	10.17	5.40
滁州	16047	51523	15	36.73	12.92	0	0	0	0.00	0.00
阜阳	5724	8913	26	3.34	2.63	1160	1131	0	2.00	1.90
宿州	3758	10202	70	14.70	14.21	1392	5401	70	2.54	2.45
巢湖	18683	22916	1656	23.50	11.48	38	0	0	0.67	0.65
六安	19811	46742	630	27.81	13.39	3223	9075	43	3.80	1.52
亳州	1910	5931	0	2.23	2.13	1363	2502	0	1.77	1.69
池州	14580	18155	862	9.30	4.03	0	0	0	0.02	0.02
宣城	7674	26180	3	28.63	11.28	122	93	0	0.45	0.23

续表3

2008年安徽省直接经济损失统计表

地区	大风、冰雹和龙卷					热带气旋灾				
	倒塌房屋（间）	损坏房屋（间）	因灾死亡大牲畜（头）	直接经济损失（亿元）	其中农业经济损失（亿元）	倒塌房屋（间）	损坏房屋（间）	因灾死亡大牲畜（头）	直接经济损失（亿元）	其中农业经济损失（亿元）
全省总计	4260	11668	3	2.59	1.42	13964	51540	23	41.89	18.31
合肥	109	798	0	0.08	0.03	128	40	0	0.01	0.00
芜湖	156	0	0	0.06	0.06	61	98	0	0.23	0.22
蚌埠	287	920	0	0.15	0.09	1452	5158	8	1.21	1.09
淮南	0	0	0	0.00	0.00	0	38	0	0.01	0.00
马鞍山	0	0	0	0.00	0.00	9	8	0	0.02	0.02
淮北	100	858	0	0.24	0.17	0	0	0	0.00	0.00
铜陵	0	0	0	0.00	0.00	37	48	0	0.01	0.01
安庆	319	1117	3	0.16	0.11	1414	1971	0	0.51	0.26
黄山	0	0	0	0.00	0.00	0	0	0	0.00	0.00
滁州	10	380	0	0.18	0.16	8317	37520	15	30.49	10.49
阜阳	438	1584	0	0.53	0.22	0	0	0	0.00	0.00
宿州	1720	1866	0	0.38	0.03	0	0	0	0.00	0.00
巢湖	262	510	0	0.23	0.07	2246	5993	0	9.10	6.03
六安	778	2875	0	0.23	0.14	209	128	0	0.00	0.00
亳州	16	214	0	0.30	0.30	0	0	0	0.00	0.00
池州	0	0	0	0.00	0.00	0	0	0	0.09	0.07
宣城	65	546	0	0.06	0.03	91	538	0	0.21	0.11

续表 3

2008 年安徽省直接经济损失统计表

	雪灾					
	倒塌房屋（间）	损坏房屋（间）	因灾死亡大牲畜（头）	直接经济损失（亿元）	其中农业经济损失（亿元）
全省总计	127016	237897	4969	134.49	59.34
合肥	13796	13961	1174	5.80	3.11
芜湖	5830	7739	49	9.62	3.40
蚌埠	2304	9529	17	0.86	0.52
淮南	1951	6539	8	0.44	0.32
马鞍山	6258	950	0	1.11	0.45
淮北	316	1521	0	0.04	0.02
铜陵	2656	3255	37	2.39	0.87
安庆	24181	59291	543	18.40	7.72
黄山	3159	14906	7	13.55	7.87
滁州	7720	13623	0	6.06	2.28
阜阳	4126	6198	26	0.78	0.47
宿州	646	2935	0	0.96	0.90
巢湖	16089	16413	1656	13.49	4.73
六安	15601	34664	587	23.79	11.73
亳州	531	3215	0	0.15	0.13
池州	14580	18155	862	9.20	3.95
宣城	7272	25003	3	27.87	10.88

附录 4　气温特征分布图

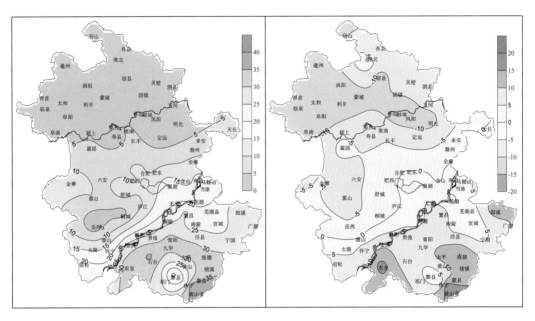

附图 4.1　2008 年安徽省高温日数(日最高
气温≥35℃的日数)分布图(天)

附图 4.2　2008 年安徽省高温日数(日最高
气温≥35℃的日数)距平分布图(天)

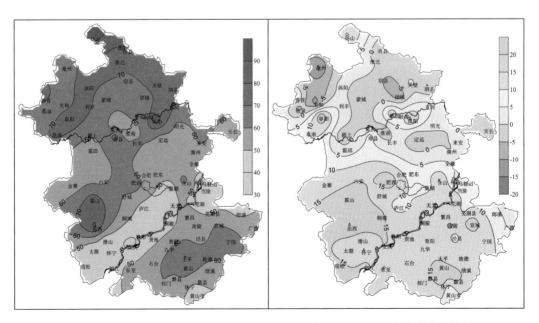

附图 4.3　2008 年安徽省日最低
气温≤0℃日数分布图(天)

附图 4.4　2008 年安徽省日最低
气温≤0℃日数距平分布图(天)

附录 5　降水特征分布图

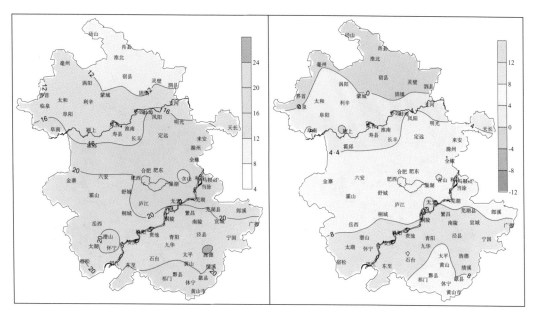

附图 5.1　2008 年安徽省降雪日数分布图（天）　附图 5.2　2008 年安徽省降雪日数距平分布图（天）

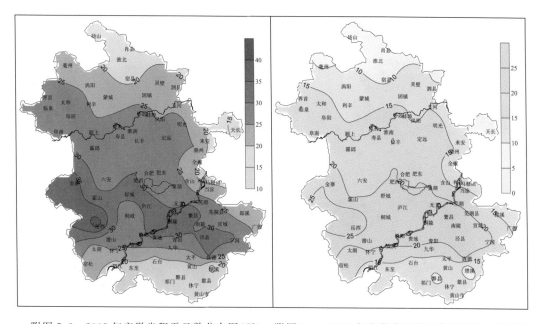

附图 5.3　2008 年安徽省积雪日数分布图（天）　附图 5.4　2008 年安徽省积雪日数距平分布图（天）

附录6　天气现象特征分布图

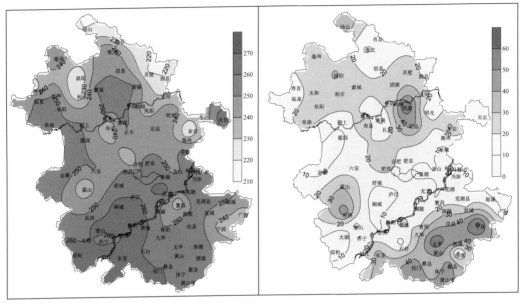

附图 6.1　2008 年安徽省无霜期分布图（天）　　　附图 6.2　2008 年安徽省雾日数分布图（天）

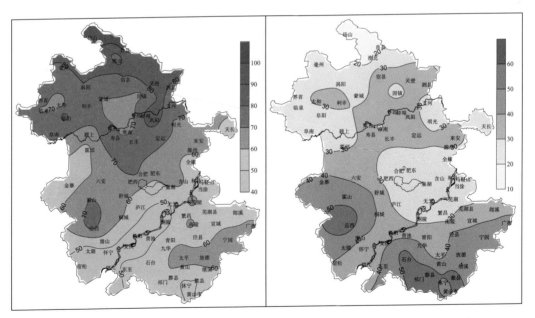

附图 6.3　2008 年安徽省结冰日数分布图（天）　　附图 6.4　2008 年安徽省雷暴日数分布图（天）

附 录 7　2008 年安徽省重大天气气候事件示意图

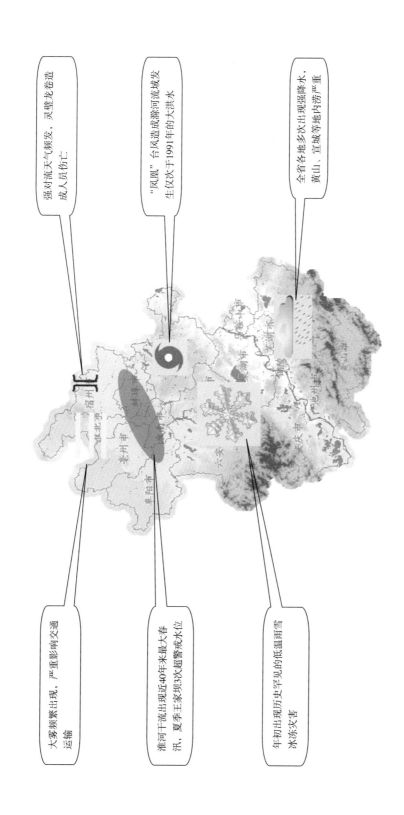

强对流天气频发，灵璧龙卷造成人员伤亡

"凤凰"台风造成滁河流域发生仅次于1991年的大洪水

全省各地多次出现强降水，黄山、宣城等地内涝严重

大雾频繁出现，严重影响交通运输

淮河干流出现近40年来最大春汛，夏季王家坝3次超警戒水位

年初出现历史罕见的低温雨雪冰冻灾害

附录8　安徽省主要气象灾害说明

(1)干旱

干旱是由于长期无雨或少雨而造成农作物生长或人畜生活受到不利影响的气象灾害。干旱最直接的表象就是农田干裂、作物缺水。干旱严重时,甚至池塘干涸、人畜饮水困难。干旱是安徽省常见的主要气象灾害之一,据近50年的资料,在成灾面积10万公顷以上的各类气象灾害中,旱灾占出现总次数的32%,仅小于水灾的42%,干旱与其他灾害不同,它不是突发性的,而是逐渐形成发生发展的一个过程,持续时间长,影响范围大。

(2)暴雨

暴雨通常按以下标准进行定义:

	24 小时降水量	12 小时降水量
暴雨	50～99.9 毫米	30～69.9 毫米
大暴雨	100～249.9 毫米	70～139.9 毫米
特大暴雨	250 毫米以上	140 毫米以上

暴雨常引发山洪、泥石流和滑坡,并可能引发的平原洪水,导致洪涝和内涝。

(3)高温

日最高气温达35℃以上时天气现象称为高温,达到或超过38℃时称为酷暑。高温影响农作物的生长,加剧干旱,增加用水量,引起能源供应紧张,易引发火灾。高温还可造成人们中暑、灼伤皮肤或其他疾病。

(4)热带气旋

台风是发生于热带海洋上的空气大涡旋。伴随有狂风、暴雨、恶浪。与台风相伴的强风、暴雨和风暴潮能摧毁海堤、房屋、船舶,淹没农田、街道,破坏交通、电力和通讯设施,还可以引发山洪、泥石流、山体滑坡等多种灾害。

(5)大风

当风力达8级或以上的风称为大风,它能拔倒大树,刮倒折断电杆,造成输电线路中断。大风可刮倒树木、路灯、广告牌和造成倒房翻车以至人员伤亡。大风也使农作物倒伏减产。

(6)冰雹

从强烈发展的积雨云中降落到地面的固体降水物,雹块由许多透明、不透明冰层相间组成,层次分明。最常见的如豆粒大小,但也有大如鸡蛋、拳头。冰雹经常发生在夏季,原因是水蒸气在空中遇到冷热空气的强烈对流,形成冰雹,而冬天里这种现象极为少见。

(7)龙卷风

龙卷风,常简称龙卷,是从强对流积雨云中冲向地面的小范围强烈旋风,龙卷风前后伴有强风、暴雨、雷电或冰雹。龙卷风的直径一般在十几米到数百米之间。龙卷风的生存时间一般只有几分钟,最长也不超过数小时。但风力特别大,破坏力极强。

（8）雷电

雷电（闪电）是在大气中发生的剧烈放电现象。放电时会发出亮光并产生大量的热量，加热周围的空气，使空气急剧膨胀，形成隆隆雷声。电闪雷鸣的时候，由于雷电释放的能量巨大，再加上强烈的冲击波、剧变的静电场和强烈的电磁辐射，常常造成人畜伤亡，建筑物损毁，引发火灾以及造成电力、通信和计算机系统的瘫痪事故，给国民经济和人民生命财产带来巨大损失。

（9）雪灾

雪灾是指因暴雪或持续大量降雪造成大范围积雪成灾的自然现象。雪灾造成很多危害，如压断电线、电话线，中断通信与供电；压塌房屋，压断树木，砸伤人员；冻死、冻伤农作物、蔬菜、鱼、虾等，冻死、冻伤家禽、家畜。造成地面冻结，严重影响公路与航空运输；冻裂自来水管，中断供水，造成居民饮水困难；低温冰冻使得心血管疾病、摔伤骨折的人数大幅增加，危害人体健康。

（10）寒潮

寒潮是指北方寒冷空气猛烈南下时，造成气温短时间内急剧下降的现象。寒潮常伴有大风、雨雪或冰冻天气。一次寒潮过程一般持续 2 天左右，较强的过程可持续 4～7 天。

（11）霜冻

霜是指近地面物体或地面气温降到 0℃ 或以下，空气中的水汽在地面或物体表面直接变成白色冰晶（白霜）。但有时当空气中水汽少时，也会没有白色结晶现象出现。此时称为黑霜。在农作物、果树、林木生长季节里，当地面温度降到 0℃ 以下，植物体内水分发生冻结而引起植物受害或枯萎死亡称为霜冻。作物遭霜冻后，叶片会出现水渍现象，逐渐枯萎死亡。

（12）大雾和霾

雾是指在近地层空气中悬浮有大量小水滴、使人的视野模糊不清的天气现象，能见度一般低于 1000 米。气象上把 500 米外的物体完全看不清的天气现象叫大雾。把大量极细微的干性颗粒物等均匀地浮游在空中，水平能见度小于 10 千米，天空灰蒙蒙的现象叫霾。大雾和霾使空气不干净，有害人体健康。大雾和霾极易引发交通事故。

（13）连阴雨

连阴雨一般是指连续三天以上阴雨绵绵、不见阳光或难见阳光，使得农作物生长受到影响的天气现象。

（14）干热风

干热风的气候标准如下表：

	日最高气温（℃）	14 时相对湿度（%）	14 时风速（米/秒）
重干热风	≥35	≤25	≥3
轻干热风	≥32	≤30	≥2

安徽省干热风主要出现在淮北，淮河以南地区出现很少。每年 5 月中下旬至 6 月上旬是淮北干热风发生和危害时期。出现在小麦乳熟灌浆阶段受害重；出现稍早或偏迟受害轻。较重干热风持续日数多数为 12 天。集中在 5 月 21 日到 6 月 5 日时段内。